A Brief History of Black Holes

And why nearly everything you know about them is wrong

给好奇者的
黑洞简史

Becky Smethurst

[英] 贝基·斯梅瑟斯特 ▮ 著

王乔琦 ▮ 译

人民文学出版社

PEOPLE'S LITERATURE PUBLISHING HOUSE

著作权合同登记号　图字 01-2023-4602

图书在版编目（CIP）数据

给好奇者的黑洞简史／（英）贝基·斯梅瑟斯特著；王乔琦译．－－北京：人民文学出版社，2024
ISBN 978-7-02-018410-1

Ⅰ．①给… Ⅱ．①贝…②王… Ⅲ．①黑洞－普及读物 Ⅳ．① P145.8-49

中国国家版本馆 CIP 数据核字（2024）第 001485 号

责任编辑　**王烨炜**
责任印制　**苏文强**

出版发行　**人民文学出版社**
社　　址　**北京市朝内大街166号**
邮政编码　**100705**

印　　刷　**北京盛通印刷股份有限公司**
经　　销　**全国新华书店等**

字　　数　**164千字**
开　　本　**880毫米×1230毫米　1/32**
印　　张　**8.75**
印　　数　**1—6000**
版　　次　**2024年8月北京第1版**
印　　次　**2024年8月第1次印刷**

书　　号　**978-7-02-018410-1**
定　　价　**59.00元**

如有印装质量问题，请与本社图书销售中心调换。电话：010-65233595

献给你，以及把你带到这本书面前的好奇心。

哦，还要感谢母亲，她总是能用微笑让我回到地球。

目　录

站在巨人的肩膀上[*]

此时此刻，你放松地坐着，翻看这本书。与此同时，你其实还在移动，而且速度快得惊人。地球无时无刻不在绕着地轴自转，无情地推动时间前行，让我们度过一天又一天。此外，地球还带着我们绕着太阳运动，于是才有了季节变换。

　　不过，故事还没结束。太阳只是银河系中的一颗恒星，而整个银河系的恒星数量超过1千亿，太阳既不特殊，也并不在这众多恒星的中心。实际上，太阳在整个恒星家族中可以说是相当普通、相当平凡。太阳系坐落在银河系一条较小的（发现这里的规律了吗？）叫作"猎户臂"的旋臂上。而银河系本身也只是一座相当普通的旋涡状恒星岛——既不是太大，也不是太小。

　　因此，这就意味着，除了跟着地球自转、跟着地球绕太阳公转以外，我们还跟着地球以45万英里/小时①的速度绕着银河系中心运动。那么，银河系的中心又有什么？答案：一个超大质量黑洞。

　　没错——此时此刻，你正绕着一个黑洞运动。所谓黑洞，就是一个质量无比之大的小小空间。所以，黑洞的密度非常高，高到连

----

① 1英里约合1.6千米。——译者注

光（再没有什么物质能比光的传播速度更快了）都没有足够能量赢下这场与黑洞引力之间的拔河比赛——一旦光太过接近黑洞，它也会被无情吸入，再也无法逃出。在最近几十年里，黑洞的概念让物理学家既兴奋又沮丧。在数学上，我们把黑洞描述为一个密度无限大、体积无限小的点，周围包裹着一个球体，我们看不到球体内的光，也得不到球体内的任何信息。没有信息意味着没有数据，没有数据意味着没有实验，没有实验意味着我们无法知晓黑洞"里面"究竟是什么。

作为科学家，目标总是尽可能地了解更全面的情况。当我们把视线从自家太阳系后花园移开，让视野囊括整个银河系，乃至拥有数十亿个星系的整个宇宙，我们会发现，黑洞总是稳居引力排名的前列。我们银河系中心的这个黑洞，也就是驱动你在宇宙空间中穿行的这个黑洞，质量大约是太阳的 400 万倍，这也是为什么它被称作**超大质量**黑洞。虽然这个黑洞的确已经很大了（或者说很重了），但我还见过更大的。于是，我又要告诉你，相对来说，银河系中心的这个黑洞也只是相当普通的一个。它的质量没有那么大，能量没有那么高，也不是那么活跃，所以几乎不可能被直接探测到。①

① 实际上，不够活跃让查证"银河系中心确实是黑洞"的任务变得困难许多。假如它是一个活跃的黑洞——也就是仍在通过"吞食"物质不断增长——那么它会是宇宙中最明亮的天体之一。在这样一个银河系中心黑洞的照耀下，地球南半球天空中的星星会变得几乎完全看不到。我倒是很想看看这样的世界。——原注（如无特殊说明，本书注释均为原注。）

我能接受上述这些对黑洞的描述，甚至在日常生活中已经视其为理所当然，这本身就很了不起。实际上，直到 20 世纪末，人类才终于意识到，每个星系的中心都有一个超大质量黑洞。需要提醒大家的是，虽然天文学是全世界各大古老文明都开展的人类最古老科学实践之一，但天体物理学——解释天文现象背后的物理学原理——仍旧是一门相对年轻的学科。整个 20 世纪以及 21 世纪出现的技术进步，只是刚刚开始揭开宇宙奥秘的一角。

最近，我偶然在一家杂乱的二手书店①找到了一本写于 1901 年的《现代天文学》（*Modern Astronomy*）。书中的内容令我无比着迷。作者赫伯特·霍尔·特纳（Herbert Hall Turner）在引言中写道：

> 在 1875 年（大概时间，并不精确）之前，人们隐隐约约感到，天文学的研究已经触及了某种天花板，但自那之后，几乎没有任何一种天文学研究方法没有出现巨大变化。

赫伯特在此重点强调的是照相底片的发明。在这项技术出现之前，科学家总是通过速写的形式画下他们在望远镜中看到的东西；在照相底片技术出现之后，他们就无须这么做了，转而将望远镜中的所见记录在表面涂有感光化学物质的大片金属盘上。此外，望远

---

① 这家书店是英国诺森伯兰郡阿尼克的巴特书店。每次去那儿我都可以待上几个小时，强烈推荐。

镜也是越造越大了，这意味着它们能收集到更多光，从而能看到更昏暗、更小的天体。在赫伯特这本书的第 45 页有一张很棒的图，它展示了望远镜的直径是怎么从 19 世纪 30 年代的区区 10 英寸 [①]暴增到 19 世纪末的 40 英寸。在我撰写本书的时候，在建的最大望远镜是夏威夷的 30 米望远镜。[②] 没错，你猜对了，这架望远镜收集光的镜面直径达到了 30 米——按照赫伯特的计算方式，就是大约 1181 英寸——所以，自 19 世纪末以来，我们的望远镜技术又有了飞跃。

赫伯特的这本书让我爱不释手（也是让我**不得不**买下它）的原因是，它提醒我们，科学观点改变得能有多快。对我以及所有从事天文研究的同行来说，书中的所有内容如今都称不上"现代"。而且，我也完全可以想象，120 年后的天文学家读我这本书时大概也是这样的感受。举个例子，1901 年，当时的主流观点认为，整个宇宙的范围也就是延伸到银河系边缘的最遥远恒星——距我们大概 10 万光年。那个时候，我们完全不知道在这个不断膨胀的浩渺宇宙中，是否存在其他星系，存在其他类似银河系这样的由数以十亿计的恒星组成的"岛屿"。

在《现代天文学》这本书的 228 页，有一张用照相底片拍摄的

---

① 1 英寸约合 2.54 厘米。——译者注

② 30 米口径望远镜（Thirty Meters Telescope，缩写为 TMT）顺利建成后将是目前全球最大的光学望远镜，但如果把观测波段放大到全波段，那么我国的 FAST（500 米球面射电望远镜）才是全球最大的单孔径望远镜。——译者注

照片，上面标着"仙女座星云"。我们现在一眼就能认出，那实际上是仙女座**星系**（大部分人认识这张照片或许是因为它当过之前苹果台式电脑的壁纸）。仙女座星系是离银河系最近的星际邻居之一。没错，它也是一座宇宙"岛"，内含至少 1 万亿颗恒星。赫伯特书中的那张照片与如今天文爱好者们在自家花园里拍摄的几乎一模一样。然而，即便在 19 世纪末出现了照相底片这样意义重大的技术——于是才能记录下仙女座星系的第一批照片——天文学家也没有立刻认识到它究竟是什么。当时，人们给它起的名字还是"星云"，认为它是一团模糊、朦胧、不像恒星的东西，而且应该在银河系内的某处，与地球之间的距离也和大多数恒星没什么两样。直到 20 世纪 20 年代，我们才真正认识到，它其实也是一座由无数恒星构成的"岛屿"，且距银河系有数百万光年之遥。这个发现从根本上改变了我们对自身在宇宙中位置的认识。一夜之间，我们第一次知晓了宇宙的真实尺度，世界观也就此改变：人类只是汪洋大海中的一滴水珠，而且这片大海比我们之前认为的还要大，而这滴水珠比我们之前认为的还要小。

也就是说，人类真正知晓宇宙的真实尺度才区区 100 年左右，这在我看来就是证明天体物理学这门科学有多么年轻的绝好例证。20 世纪天文学的进展远超赫伯特·霍尔·特纳在 1901 年时最大胆的想象。1901 年，几乎没有人的脑海中闪过黑洞的想法。到了 20 世纪 20 年代，黑洞也不过是理论推导出来的怪异事物，甚至因为破坏了方程组、看起来不自然而激怒了像阿尔伯特·爱因斯坦（Albert Einstein）这样的物理大师。再到 20 世纪 60 年代，科学家已经接受了黑洞的概念（至少在理论上接受了），这很大程度上要归功于英国物理学家斯蒂芬·霍金（Stephen Hawking）、罗杰·彭罗斯（Roger Penrose）和新西兰数学家罗伊·克尔（Roy Kerr），克尔解出了对于旋转黑洞的爱因斯坦广义相对论方程组。以此为基础，20 世纪 70 年代初期，首次出现了关于银河系中心存在黑洞的试探性猜想。说到这里，我们得结合当时的背景提一句：人类把宇航员送上月球时，甚至都还不知道我们终生都在绕着一个黑洞运动，而且这个现状无可改变。

到了 2002 年，各项观测结果才最终证实，银河系中心的那个天体只可能是黑洞。作为一个研究黑洞还不到 10 年的人，我常常提醒自己这一点。我觉得，大家都常常会忘记，很多事情直到最近才为我们所知晓，很多我们已经习以为常的事物直到最近才出现。比如，很多人都已经忘记了智能手机出现之前的生活是什么样子。又比如，其实我们在进入 21 世纪后才绘制出了整个人类基因组图谱。学习科学史，可以让我们更好地理解如今珍视的这些知识。回顾科学史就像是搭乘由成千上万名科研前辈的思想汇集而成的列车，让我们重新认识了那些早已习惯了无数人鹦鹉饶舌般复述的理论。要是不回溯科学史，我们甚至都已经忘记这些理论最初是经过了怎样的淬炼才诞生的。思想、理论的演变过程有助于我们理解为什么某些理论遭到摒弃，有些则得到推崇。①

　　这也是当有人怀疑暗物质的存在时，我脑海中涌现出来的想法。我们通过引力效应知道暗物质必然存在，我们看不到这种物质，只是因为它不与光发生相互作用。有人质疑，如果暗物质真的存在，那就意味着宇宙中85%的物质都是我们看不见的，这怎么可能呢？肯定还有什么我们还没想到的东西吧？首先，我的确永远都不会傲慢地宣称我们知晓了一切，因为宇宙总是能让我们保持警觉。然而，那些反对暗物质的人还是忘了，暗物质这个概念不是为了解释宇宙的某些怪异之处而在某一天突然出现的。那是科学家在30多年的观测和研究后得到的唯一合理推测，因为再没有其他不违背观测和研究结果的推论了。实际上，科学家也保守了很多年，他们之前也拒绝相信暗物质就是解答宇宙之谜的答案，但最后支持暗物质的证据实在过硬，他们只好选择接受。大多数得到验证的科学理论都是可以站在屋顶上大声宣扬的，不用遮遮掩掩。而暗物质肯

---

① 作为一个热爱科学史的人，当我看到"地平说支持者"数量不断上升的时候，我感到既痛苦又有趣。这些人坚称，是美国宇航局和美国政府编造了地球是球体的谎言（想必其他所有国家的航空航天机构和政府也是帮凶）。有意思的地方在于，这个群体内部讨论的想法和论点同几千年前早期古希腊哲学家的想法完全一样。可是，在诸多不利于"地平说"的实验和观察结果面前，古希腊先哲最终放弃了这个想法。而这正是令"地平说支持者"痛苦挣扎的地方——当实验证明地球不是平的，他们在情感上仍旧无法抛弃这个投入了无数感情的想法。不管怎样，他们就是无法结束这场漫长的认知偏差之旅。然而，如果整个社会都在压倒性的不利证据面前拒绝改变信仰，那就永远无法进步。

定是整个历史上人类最不愿接受的理论了。暗物质迫使我们承认，我们目前知晓的远比我们认为的少。这对所有人来说，都是难以接受的现实。

这就是科学的意义所在：承认我们不知道的事。只有这么做，我们才能进步，无论是科学、知识，还是整个社会，都是如此。人类整体的进步得益于知识和技术的发展，而知识与技术又是彼此相互促进的。正是因为人类迫切地想要了解更多有关宇宙大小和内容的知识，想要看到更远、更暗的天体，才有了望远镜技术的不断进步（从 1901 年的 40 英寸口径到 2021 年的 30 米口径）。厌倦了笨重照相底片的天文学家率先发明了数码光探测器，而现在，几乎人人口袋里都能揣上一台数码相机。这项发明见证了图像分析技术的进步，而后者正是研究更为细致的数字观测结果的必需。这些技术接着又促进了医疗成像技术的发展，比如现在医学诊断常用的磁共振成像和计算机断层扫描。就在一个世纪前，扫描人体内部还是一件完全无法想象的事。

因此，和所有科学家一样，我对黑洞效应的研究也同样站在诸多前辈、巨人的肩膀上，比如爱因斯坦、霍金、彭罗斯、苏布拉马尼扬·钱德拉塞卡（Subrahmanyan Chandrasekhar）、乔瑟琳·贝尔·伯奈尔爵士（Dame Jocelyn Bell Burnell）、马丁·里斯爵士（Sir Martin Rees）、克尔、安德烈娅·盖兹（Andrea Ghez）等。他们付出了如此艰辛而漫长的努力才得到了我们如今视为理所应当的理论，我才可以以这些答案为基础，提出我自己的新问题。

科学界奋斗了500多年才刚刚触及黑洞的皮毛。只有深入研究这段历史，我们才有希望理解黑洞这个怪异、诡谲、我们知之甚少的宇宙现象。从发现最小的黑洞到发现最大的黑洞，从推测出第一个黑洞的存在到最近一个，以及探寻为什么我们用"黑洞"命名这类天体，回顾黑洞研究的科学历史将引领我们踏上从银河系中心到可见宇宙边缘的非凡之旅，甚至能让我们思考那个人们几十年来都无比感兴趣的问题：如果我们"落"入黑洞，会看到什么？

在我看来，科学竟然有希望回答像黑洞这样玄妙的问题，甚至还能同时给我们带来新的惊喜，这简直有些不可思议。此处的惊喜是指，虽然我们在很长一段时间内都认为黑洞是星系的黑暗核心，但事实证明，黑洞其实根本不"黑"。科学用多年的观测结果告诉我们，黑洞实际上是整个宇宙中最明亮的天体。

第一章

星星为什么会发光

下次遇到没有云干扰视线的清朗夜晚，闭上眼睛在门口站几分钟再去屋外。走到外面抬头仰望星空之前，先给眼睛点儿时间适应黑暗。即使是小孩子也会注意到，入睡前刚关掉床头灯的时候，房间会立刻陷入一片黑暗。可是，如果在半夜醒来，即使是环境光线极其微弱，也能看见房内物件的轮廓与特征。

　　所以，如果你想真正欣赏到夜空之美，就应该先让眼睛脱离家里明亮的灯光，提高夜视能力，然后你就能如愿以偿。只有当你的眼睛做好了准备，你才能在走出屋子后看到世界的另一面。另外，你不要低头看地，也不要眺望远处，抬头仰望，让无数星星一下子跃入你的视野。待在黑暗中的时间越长，你的夜视能力就越强，就会看到更多星星用它们的点点星光缀满夜空。

　　凝望天空的时候，你可能会认出点什么，比如星星组成的各种形状或星座图案，典型的例子包括猎户座和犁①。当然，你还会看到一些不那么熟悉的事物。无论如何，只要你仰望星空并且注意到星星的亮度乃至位置，你的名字就进入了一张清单。这张长得不可

① 即北斗七星。在爱尔兰和英国，过去常称北斗七星为犁。——译者注

思议的单子上列举了古往今来全球各个文明的许多人。他们和你一样，都在仰望星空后，深深为夜空之美所折服。一直以来，恒星和行星始终在人类社会中扮演着相当重要的角色，在文化、宗教和现实层面上发挥了重要作用。人类利用星星导航，借助星星知晓季节变换，甚至还在星星的帮助下，发展出了第一批历法。

遗憾的是，在现代世界，我们已经失去了同夜空之间的这种根深蒂固的联系。永不熄灭的城市灯光淹没了所有星光，我们中的许多人都无法注意到星星的季节变化，也无法辨认出造访地球的彗星。如果你有幸住在一个能看到星星的地方，或许会注意到月亮的位置每晚都不相同，或许会注意到某颗特别明亮的"星星"在天空中徘徊。古希腊人也注意到了这些"徘徊的星星"，并给它们起了一个恰如其分的名字：planētai，意为"徘徊者"。而这就是现代英语中行星（planet）一词的起源。

不过，并非所有人都满足于只是仰望并欣赏星空之美。有一些人还想知道答案，想知道为什么天空会是我们看到的这个样子。这是人类与生俱来的好奇心。星星到底是什么？它们又是怎么发光的？这样的问题困扰了人类数百年。1584 年，意大利哲学家乔尔达诺·布鲁诺（Giordano Bruno）率先提出，星星就是一个个遥远的"太阳"。他甚至表示，这些星星也同样拥有围绕着它们运动的行星。当时，这样的观点引发了极大争议。要知道，就在 41 年前的 1543 年，波兰数学家和哲学家尼古拉斯·哥白尼（Nicolaus

Copernicus）才发表著作提出，如果太阳（而非地球）是太阳系的中心，那在数学上既整洁又优美。哥白尼非常推崇圆的简洁和数学之美。他认为，如果把太阳安放在太阳系的中心，让行星以圆形轨道绕着太阳运动，那在数学上就是最美的形态了。显然，这并非哥白尼严肃的天文学观点，他只是单纯地享受这种观点带来的几何学快乐罢了。

然而，几十年之后，竟然出现了从天文学角度支持这种观点的人，比如布鲁诺和同为意大利人的天文学家伽利略·伽利雷（Galileo Galilei）他俩最后也都因为提出违背天主教教义的"异端邪说"而受到惩罚。在之后的一个多世纪中，第谷·布拉赫（Tycho Brahe）、约翰内斯·开普勒（Johannes Kepler）和艾萨克·牛顿（Isaac Newton）先后登场。他们的研究成果积累在一起，构成了支持"太阳才是太阳系中心"这一观点的铁证。最后，在1687年，牛顿撰写的《自然哲学的数学原理》（简称《原理》）一书出版后，科学界和公众才真正接受了这个观点。牛顿先是提出了引力定律，确定了太阳系各个行星的轨道运动。他提出，将我们束缚于地球表面的那种力，在本质上与让月亮绕着地球运动以及让地球绕着太阳运动的力并无不同。各个行星绕太阳运动的轨道大致呈圆形，也解释了为什么在一年中的某几个月份，某些行星看上去像是在夜空中后退，也即所谓的"逆行"现象。当那些比地球离太阳更近的行星在太阳另一侧运动（就像是处于环形赛道两侧的赛车）时，在地球上的我们看来，它们就像是在后退。至于那些离太阳更远的行星，它们之所以也会逆行，是因为公转速度更快的地球正巧在这个时候超过了它们。①

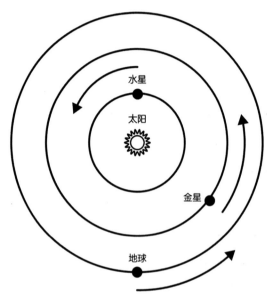

"逆行"中的水星看上去像是在向后退，但这其实只是因为它在"赛道"的另一侧。

布鲁诺提出，太阳不过是无数星星中的一颗，除了离我们近得多之外，并没有什么特殊之处。这显然是走在了时代的前面，但也

---

① 所以，别再把你的问题归咎于占星术中的"水逆"了。水星只是像过去45亿年中那样，一如既往地绕着太阳愉快地运动。这颗毫无生机的岩石天体在地球视角中的位置变化不会对你的生活产生任何影响。

仍旧无法解释星星为什么会发光。不过，意识到太阳才是太阳系的中心，意识到它和身处地球上的我们一样受到引力的约束，就把它拉下了神坛，人们就可以用一种更加平等、普通的方式看待这个天体。18世纪的物理学家开始深思，太阳和其他星星是否借助燃烧等日常生活中常见的过程产能。他们甚至都想到了烧煤产生的能量是否能维持太阳以光的形式向外大量辐射能量。在此，我提前剧透一下，答案是：不能。如果整个太阳都是由煤构成的，那么，以太阳当前的产能速率，只需5000年，它就烧完了。① 有记载的人类历史都差不多有这么长了——吉萨大金字塔建造于4000多年前——另外，18世纪的人们认为地球的年龄大概是6000岁。因此，他们最后只能放弃这个猜想。

那么，太阳到底是由什么构成的呢？就这样，究明太阳的成分成了19世纪物理学家关注的一个重点。然而，率先取得突破的却是一名巴伐利亚眼镜制造商，约瑟夫·里特·冯·夫琅禾费（Joseph Ritter von Fraunhofer）。夫琅禾费生于1787年，是家里11个孩子中最小的。他家世代以生产玻璃为生。夫琅禾费的人生故事具备拍摄优秀迪士尼电影的所有特质：他十几岁的时候就成了孤儿，被送到慕尼黑一个玻璃制造师那儿当学徒，这位玻璃制造师主要是为宫廷制作装饰性镜子和玻璃。师父对夫琅禾费很刻薄，不仅不让他接

---

① 当时，迫切想要解决这个问题的科学家甚至提出了这样一种理论：撞击太阳的流星带来了额外的碳，使太阳能燃烧得更久。

受教育，甚至还没收了夫琅禾费入夜后阅读珍贵科学书籍时用的台灯。然而，一天深夜，他和师父住的房子塌了，夫琅禾费被活埋在了里面。这个消息成了慕尼黑的大新闻，甚至引来了一位巴伐利亚的王子亲临事故现场，并且正好看到救援人员把夫琅禾费从废墟中拉出来。这位王子听说了夫琅禾费的悲惨遭遇后，把他安置在了皇宫里，还给他另找了一位师父，这位师父把自己能找到的所有关于数学和光学的书都提供给了夫琅禾费。这简直可以算是真实发生的童话故事了。

不过，故事到这里还没结束。夫琅禾费最后进入了贝内迪克特博依恩光学研究所工作。他在那里负责一切有关生产玻璃的事宜，同时负责改进用作望远镜透镜的超光滑玻璃的研磨方法。夫琅禾费要解决的首要问题就是理解复杂的折射现象（光在通过某种介质时传播方向发生的某种改变）。光在穿过玻璃时就会发生折射，一部分光会散射成彩虹色，这就让生产出来的透镜产生了瑕疵。夫琅禾费努力测量了光在通过各种类型和形状的玻璃时折射的程度，也即光的传播方向变化了多少。早在 17 世纪，艾萨克·牛顿就证明了白光由所有彩虹色集合而成，还向世人展示了光在透过棱镜时如何折射：红光传播方向改变程度较小，蓝光较大，从而形成了彩虹的模样。此刻如果你脑海里浮现出平克·弗洛伊德乐队《月之暗面》（ *The Dark Side of the Moon* ）专辑封面上的图案，那就恭喜你，成功理解了我说的话。

夫琅禾费当时面对的问题是，光经过透镜散射出的各色彩虹光分野不清晰，模糊在了一起。下一次你看到天空中挂起彩虹的时候，可以试试能不能准确分辨出绿色到哪里结束、蓝色从哪里开始。结果很可能是：做不到。各种彩虹色相互交融，着实赏心悦目，但如果你现在的工作是测量出每种光传播方向的改变程度，那这个现象就很让人恼火了。于是，夫琅禾费还是用各种光源做实验。他留意到，当使用硫黄燃烧产生的火焰当光源时，折射产生的彩虹的橙黄色部分要比其他颜色亮得多。夫琅禾费好奇，太阳发出的光是否也会表现出这种亮黄色区域。于是，他开始调整实验，不断改变光的传播路径，从而让折射后产生的彩虹覆盖更大的区域：从本质上说，夫琅禾费成功地"放大"了彩虹，看到了更多细节。与此同时，夫琅禾费其实也在这个过程中发明了第一台光谱仪——这种仪器堪称现代天文学和天体物理学的基石。

　　夫琅禾费用光谱仪分析太阳光后，呈现在眼前的景象令他大吃一惊：不仅没有出现更为明亮的光区，有些颜色甚至完全消失了。夫琅禾费眼前的"彩虹"中出现了许多暗线，那是此前从未有人看到过的颜色空隙。起初，夫琅禾费只标记出了最明显的 10 条暗线；而最终记录到的这种昏暗间隙多达 574 条。如果你能不断放大天空中的彩虹，最后也一定会看到这样的景象。

　　这个现象令夫琅禾费很是好奇，他在深入研究后发现，这些间隙出现在经月球、行星和地球上的物体反射后的太阳光中。不过，夫琅禾费不知道这些间隙究竟是太阳光本身的属性，还是在太阳光经过地球大气层时引起的。于是，他接着用光谱仪观察来自其他恒星的星光，比如猎户座天区附近的著名亮星天狼星①（猎户座之所以叫这个名字，是因为其中的亮星构成了类似猎人的形状。猎户座旁边还有一个较小的星座，看上去就像猎人的猎犬，因而叫作"小犬座"。天狼星就是小犬座中最亮的星）。夫琅禾费注意到，天狼星的星光在经过光谱仪后也呈现出昏暗的颜色间隙，但位置却和太阳光完全不同，也即形成的图样与太阳光不一致。于是，他便得出结论：导致这些间隙的并非地球大气层，而是恒星本身的某种性质。

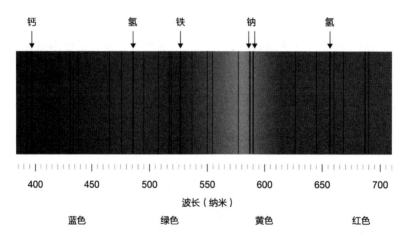

太阳光经光谱仪后形成的彩虹图样。夫琅禾费清楚地看到其中缺失了许多颜色。本生和基尔霍夫最后证明，之所以会出现这种现象，是因为太阳吸收了这些颜色，从而侧面显露了太阳的内部组成。

---

① 没错，这就是《哈利·波特》中小天狼星·布莱克名字的由来。

夫琅禾费在1814年作出的这个发现实际上正是我们如今所知的现代天体物理学的开端。另外，自那之后，夫琅禾费本人也一直活得很幸福。至少，如果把他的生平拍成迪士尼电影的话，到此应该算是一个圆满结局了。然而，实际上，夫琅禾费1826年死于肺结核，年仅39岁。他工作时经常接触的玻璃熔炉含有有毒的氧化铅，这很可能是他英年早逝的主要原因。

夫琅禾费的早逝也意味着他没能亲眼见证太阳光彩虹图样中这些颜色间隙的理论解释问世。那是在几十年后的1859年，德国物理学家古斯塔夫·基尔霍夫（Gustav Kirchhoff）和化学家罗伯特·本生（Robert Bunsen）作出的发现。这两位科学家的本意并非解释夫琅禾费看到的现象，而是在用本生的新发明本生灯——这个装置可以产生炽热且不刺眼的无烟火焰，可供实验室使用——研究别的问题。如今，无论是高科技研究机构，还是学校化学实验室，全球所有科学实验室都会配备本生灯。

基尔霍夫和本生用本生灯点燃了各种元素，并且记录下了每种元素燃烧时的火焰。他们还进一步用刚刚升级了的新版光谱仪分解各种元素燃烧产生的光。基尔霍夫和本生发现，每种元素燃烧时火焰的颜色（也即光的波长）都不一样。举个例子，钠燃烧时的火焰是亮黄色的，波长为589纳米（0.000000589米），与老式街头路灯（一种钠灯）发出的黄色一模一样。更重要的是，基尔霍夫还注意到，夫琅禾费记录的太阳光彩虹图样中的一条间隙对应的波长正好是 589 纳米。那么，有没有可能太阳内部也有钠，只是不发出对应颜色的光，而是吸收它？

于是，基尔霍夫和本生将他们在实验室中记录到的所有元素发出的光同夫琅禾费记录到的图样间隙一一对照，结果发现各种波长的光都能找到对应，这就意味着太阳内部含有钠、氧、碳、镁、钙、氢等许多元素，也说明构成太阳的元素实际上与我们能在地球上找到的并无不同。为了纪念夫琅禾费，基尔霍夫和本生将太阳光彩虹图样中的间隙命名为"夫琅禾费线"。

就这样，太阳的内部成分问题在 1859 年解决了。可是，太阳到底是如何通过地球上存在的这些元素为自身提供能量的呢？这个问题仍旧没有解决。1863 年 8 月，《科学美国人》（*Scientific American*）上刊登的一篇题为"专家怀疑太阳是否真的通过烧煤供能？"的精彩文章写道：

> 太阳很可能不是靠燃烧发光，而是像灯泡那样通过白炽的方式发光。太阳与其说是一座焚烧的熔炉，不如说是一团闪耀的熔融金属。

换言之，这篇文章认为，太阳本质上与地球并无区别，只是出于某种原因，太阳的温度高得多，因而可以通过白炽的方式闪耀发光。

这篇文章的理论基础是英国物理学家威廉·汤姆森（William

Thomson，后来被封为开尔文勋爵，成为第一个晋升获得贵族封号的科学家。温度的单位开尔文就是为了纪念他而命名的）和德国物理学家赫尔曼·冯·亥姆霍兹（Hermann von Helmholtz）。开尔文和亥姆霍兹都是热力学领域的大师：他俩率先从理论上刷新了人类对热与温度的理解。1856 年，亥姆霍兹公开发表观点：太阳是在引力作用下受到挤压才产生热量的。他认为，向内收缩的引力效应挤压太阳产生了海量能量，而太阳在本质上就是把这些能量转化成了动能，从而为太阳内部的原子（构造所有元素的基础）提供了更多能量，使它们运动得更快，而太阳的温度也在这个过程中大幅上升，从而像一块炽热的金属或熔融的玻璃那样闪耀发光。

1863 年，开尔文以亥姆霍兹的想法为基础计算得出，通过这种方式，太阳至少能自我供能 2000 万年，比基于"太阳通过烧煤获得能量"计算得到的结果长得多，毕竟，"烧煤"的论断甚至无法解释地球为什么存在了 6000 年（当时的观点）。同年，开尔文又假设，地球曾经处于熔融状态，经历了长时间的冷却后才有了如今坚实的岩石地壳，然后再将热量转移的想法应用到地球上并计算它的年龄。开尔文最后得到的结果是，地球也一定有 2000 万岁左右了。[①]如果太阳和地球在同一时间、从同样一堆元素混合物中诞生，那就

———————

① 不过，这与我们现在对地球年龄（大约是 45 亿年）的估算仍相距甚远，因为开尔文不知道应该将地球核心放射性元素衰变产生的能量计算在内，毕竟，当时人类连放射性都没有发现。

终于解释了为什么这两个天体的元素组成如此相似，同时也一举解决了太阳的能量来源问题。

对此，物理学家当然是欢欣鼓舞，但生物学家和地质学家怎么也高兴不起来。1859 年，也就是在开尔文发表地球年龄估算结果的前几年，一位叫作查尔斯·达尔文（Charles Darwin）的生物学家发表作品《物种起源》（*On the Origin of Species*），详细介绍了他的进化理论。达尔文在书中提出，所有地球生命都是从一个共同祖先进化而来，在自然选择——几年后，赫伯特·斯宾塞（Herbert Spencer）把这个概念称为"适者生存"——的压力下通过各种突变变成如今这个丰富多彩的样子。到了 19 世纪 70 年代，科学界的大多数人以及关注相关问题的公众，都接受了进化的概念。只剩下一个问题还没有解决：进化需要时间，漫长的时间。达尔文本人在 1872 年版的《物种起源》中承认，开尔文对地球年龄估算的 2000 万年，仍不足以让进化发生。进化需要的不是几百万年，而是几十亿年。

与此同时，地质学家也在用他们自己的方法计算地球年龄，要么是通过计算岩石形成沉积物以及沉积物沉降的速度，要么是通过考察海洋内盐分的堆积程度。爱尔兰地质学家、物理学家约翰·乔利（John Joly）就是其中的一员。1899 年，他通过推论提出，盐（也就是氯化钠）会从岩石中析出，进入河流，最后汇集到海洋中。如果地球上的海洋最初形成的时候完全没有钠，那么就可以通过盐从河流转移到海洋的速度，推算出需要多久海洋中的盐浓度才会达到如今的状态，从而估算出地球的年龄。好了，我现在就揭晓答案，乔利的估算结果是：当时海洋中共有 14,151 万亿吨盐，平均每立方英里河水中有 24,106 吨盐，每年约有 6524 立方英里河水流入海洋。稍微做下数学计算，你就能知道，需要将近 9000 万年，海洋中的盐浓度才能变成乔利那时的样子。[①]

这个结果离生物学家的期待近了一些，虽然仍旧离达尔文进化理论需要的几十亿年差了很远，但彻底推翻了开尔文对太阳年龄的估算。另一项理论突破则发轫于 1895 年，法国物理学家亨利·贝克勒耳（Henri Becquerel）发现，铀原子不稳定，会随着时间的推移自发变成更为稳定的元素，同时在这个转变过程中释放辐射。他的博士生，波兰裔法国物理学家、化学家玛丽·斯科沃多夫斯卡－居里（Marie Skłodowska-Curie）决定借助丈夫皮埃尔·居里（Pierre Curie，当时在研究晶体）15 年前为测量电荷而发明的一种工具研究这种辐射，并以此作为博士论文。结果，她发现，铀原子释放的辐射让周围的空气能够导电了。玛丽·居里由此推测，这种辐射一定来自铀原子本身，而不是因为它和空气分子之间的相互作用导致的。

1897 年，女儿伊蕾娜（Irène）出生后，玛丽·居里便全身心地

---

① 14,151,000,000,000,000/（24,106×6524）≈ 89,980,422 年。值得一提的是，这个答案之所以不准确是因为其中涉及的很多假设都不正确。比如，盐从河流进入海洋的速度并不是一成不变的。再比如，海洋中的盐浓度在很久之前就已经进入了一种稳定状态：海床上的岩石吸收盐分的速度与河流转运盐到海洋中的速度一样快。

寻找更多不稳定元素。在这个过程中，她发现了钍，并且发现这种元素的放射性比铀强 4 倍。1898 年，玛丽的丈夫皮埃尔·居里放弃了自己的晶体研究工作，转而同妻子一道饶有兴致地研究起了钍这种此前未知的元素。当年年底，居里夫妇宣布又发现了两种不稳定元素，为了纪念玛丽·居里的家乡波兰（Poland），他们将其中一种命名为钋（polonium），另一种则命名为镭（radium），这在拉丁语中意为"射线"（ray）。此外，他俩还提出了"放射性"一词。1903 年，居里夫妇和亨利·贝克勒耳因为发现并阐释了放射性而获得诺贝尔物理学奖。①

放射性的发现意义重大，因为它确定了，不稳定元素的嬗变（或者说"衰变"）速度保持恒定。这意味着，如果你能测量出某种不稳定元素现在的数量，然后再将其与衰变后得到的稳定元素的数量做比较，就能计算出这种不稳定元素衰变多久了。这项重大突破给整个地质学领域带来了一场革命。1907 年，科学家将这种"放射性定年法"应用到了地球岩石之上，并且推算得出结果：地球（当然还有地球围绕着运动的太阳）的年龄至少也有几十亿年了。②

---

① 起初，1903 年诺贝尔奖只准备授予皮埃尔·居里和亨利·贝克勒耳。好在，诺贝尔委员会成员、瑞典数学家马格努斯·哥斯塔·米塔格 – 莱弗勒（Magnus Gösta Mittag-Leffler）把这个情况告诉了皮埃尔，后者立刻申诉，玛丽·居里的名字才实至名归地出现在诺贝尔奖获奖名单上。这个故事告诉我们，找到一名好伴侣有多么重要。

② 根据现代放射性定年法的测量结果，地球应当有 45.5 亿年的历史了（误差为 ± 5000 万年，或者说 1%）。

终于，所有长期信奉达尔文进化理论的生物学家都得到了满意的地球年龄值。然而，又轮到物理学家痛苦了。他们只能摒弃开尔文的观点，找到那种能让太阳闪耀那么久的机制。虽然放射过程会产生热量（并且足以解释地球释放的热），但仅靠放射性，仍离彻底解释太阳的能量来源相距甚远。因此，在 20 世纪初，人类很大程度上已经明白了太阳的年龄（至少和地球一样老），但还完全不知道太阳为什么能闪耀那么久。

于是，德国物理学家阿尔伯特·爱因斯坦闪亮登场。和斯蒂芬·霍金一样，爱因斯坦的名字或许也是最有资格成为黑洞同义词的。他可能还称得上黑洞的祖父，毕竟，正是他的理论开启了人类对引力、空间和时间性质的漫长研究。不过，在我们的这个故事中，只需提及爱因斯坦最出名的那个方程（可能也是人类史上最出名的方程），也就是他在 1905 年提出的 $E=mc^2$。方程中的 E 代表能量，m 代表质量，c 代表光速——惊人的 299,792,458 米/秒。这个方程表明，能量和质量是等价的——在本质上，它们是同一种东西，联系非常紧密。这同时意味着，质量可以转化为能量。[①] 于是，物理学家终于得到了一种可以解释太阳在数十亿年的闪耀中释放如此之多能量的机制：它把自身的庞大质量直接转换成了能量。可是，太阳是怎么做到这点的呢？

---

① 这也解释了为什么较重的不稳定元素在放射性衰变成较轻的稳定元素时会释放辐射。

1919 年，法国物理学家让·巴蒂斯特·佩林（Jean Baptiste Perrin）发现了解决这个问题的第一条线索。佩林在 1926 年还凭借证明原子可以互相结合形成分子而获得诺贝尔物理学奖，比如：一个氧气分子就是由两个氧原子结合形成的。佩林在研究原子和分子的过程中发现，由 4 个粒子组成的氦原子质量要比 4 个氢原子核（每个氢原子核都只有 1 个粒子）的总质量小。当然，这两者之间的质量差别相当微小，只差了 0.07%，但根据方程 $E=mc^2$，再小的质量也能转换成巨大的能量。佩林 [①] 很快就意识到了这项发现的重要性：这可能就是太阳的自我供能机制。如果 4 个氢原子能结合形成一个氦原子，那么这个过程中消失的质量就可能转化成能量，以光的形式释放出来。问题在于，佩林没有可以解释具体过程的物理模型，要知道，氢原子中心的核带正电，它们互相接近时会产生巨大的斥力（原子由带正电的核以及围绕着核运动的电子构成，电子要比原子核小得多，而且带负电），怎么会结合在一起呢？

1920 年，英国物理学家阿瑟·爱丁顿（Arthur Eddington）通过自己的坚持和努力让世人相信，如果 4 个氢原子核结合成为 1 个氦原子核的**聚变**过程可以发生，那么一定会在恒星内部发生。在此之前，爱丁顿撰写了大量文章向整个英语世界解释爱因斯坦最新的

---

① 《时光之轮》（*The Wheel of Time*）的粉丝们，我和你们一样喜欢这部剧，而且读到这里时止不住地发笑：原来剧中的佩林·艾巴拉（Perrin Aybara）不仅是个铁匠、能和狼交流，还是个核物理学家！

引力理论（这方面的内容稍后详述），所以也多少算是个家喻户晓的人物。不过，爱丁顿自己的研究领域则是恒星的性质。1920年，他作出了如下推论：首先，运用开尔文勋爵的方法，可以得到恒星核心的温度大概在1000万摄氏度，在这样的温度下，我们对原子核相互作用以及斥力（导致带正电的氢原子核无法结合）的认识可能不再奏效；其次，太阳只要有5%的质量是氢，提供的能量就足以使其闪耀数十亿年（大概就是地球年龄）之久。在随后的几十年中，上述观点陆续得到证实，巩固了爱丁顿作为BNIP（Big Name in Physics，物理大拿）的地位。

1925年，出生于英国的美籍天文学家塞西莉亚·佩恩－加波施金（Cecilia Payne–Gaposchkin）发表了博士论文。她的研究表明，太阳光彩虹图样中的夫琅禾费线意味着太阳中的氢含量要比其他任何元素都高100万倍，远超爱丁顿提出的5%。最后一张拼图出现于1928年，俄裔美籍物理学家乔治·伽莫夫（George Gamow）经过大量计算后意识到，氢原子核有极小的概率摆脱核与核之间的斥力，从而聚合在一起。这个概率真的是小到不可思议，但最关键的是，**它不是零**。因此，如果某个地方（比如太阳内部）存在足量氢原子，那么从理论上说，这种摆脱斥力的事件就能发生足够多次，从而为太阳提供充足的能量。

就这样，太阳的供能问题终于解决了。氢就是太阳以及夜空中所有恒星的燃料：核聚变就是恒星闪耀的能量机制。这让我不禁好奇，如果我们看不到恒星的话，会错过这个故事中的多少情节。要是看不到恒星，我们还会问出"星星为什么会发光？"这样的问题吗？我们还会认识到太阳的真实成分吗？假如地球在两颗恒星之间运行，那么整个星球都会始终沐浴在恒星星光之下，我们面对的将是无穷无尽的白昼，永远也看不到黑夜。倘若真的如此，那么有哪些问题是我们永远都不会意识到、不会发问的？我们又会因此而错过哪些科学和技术进步？

我想，我们人类真的要好好感谢仰望夜空勾起的好奇心，不仅是因为这种好奇心带来了有关黑洞（我最喜欢的天体）的知识，更是因为一旦我们知晓了"星星为什么会发光"，自然而然就会问出下一个问题：恒星的燃料耗尽后将会如何？恒星死亡时会发生什么？恰恰是这个问题最终引领我们走向了黑洞。

第二章

一生潇洒，英年早逝[*]

1054年，金牛座（因为形状像公牛，所以古希腊人如此命名①）中的一颗恒星突然爆发出极为耀眼的光亮，即便在白天太阳的光芒遮蔽了其他所有恒星时，也能用肉眼看到它的光辉。中国天文学家将这颗恒星命名为"客星"，并且详细记录了当时的景象。他们特别提到，这颗于1054年出现的客星，并没有立刻消失，而是在夜空中闪耀了足足642个夜晚（大约21个月！），之后才慢慢变暗、消失。

　　在接近一千年后的今天，如果你将望远镜对准金牛座天区中当年客星出现的那个位置，会看到一种与恒星大不相同的天体：星云。那是一团由气体和灰尘组成的大漩涡，中心处恒星的余烬点亮了整片星云，但恒星本身已经昏暗到完全看不见。这是一颗死亡恒星的遗骸。它在耗尽了自身全部的氢燃料后，绝望地挣扎，试图阻止不可避免的死亡，于是在那短短两个月内释放了无比灿烂的光辉，让天空中其他所有恒星都黯然失色，但最后还是徒劳无功，只

---

① 不过，也有一些古希腊人觉得这个星座的"W"形状像是坐在王座上的女人，所以把它命名为卡西欧佩拉皇后（Queen Cassiopeia）。

蟹状星云：超新星 SN1054 的遗迹

在自己曾经"居住"的地方留下了一个影子。这个鬼魅般的遗址就是我们如今所知的"蟹状星云"。它是人类认识恒星死亡的里程碑，也是我们意识到黑洞存在的序曲。

虽然在可见光波段，蟹状星云并非人类肉眼可见的那种最明亮的天体，但它却是一种极高能"光"线（γ射线）的最明亮发射源之一。"光"其实有很多种，外形、特征各不相同，决定其性质的是光波携带能量的多少。在可见光波段（也叫作"光学波段"），我们之所以能用肉眼看到各种各样的颜色，就是因为这些光的波长（能量）各不相同。蓝光的能量较高，即每秒有更多的蓝光光波进入你的眼球；红光的能量较低，即每秒进入你眼球的红光光波较少。每秒进入你眼球的光波数量就是光的频率。或者，你也可以用连续两个波峰之间的距离（波长）来表征光的特征。

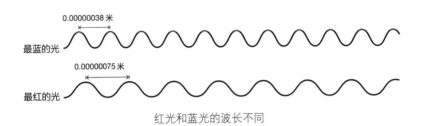

红光和蓝光的波长不同

我们的眼睛只能探测到波长在 0.00000038 米（蓝光）到 0.00000075 米（红光）之间的光（相应的频率范围为每秒 790 万亿—400 万亿）。而手电筒或太阳发出的"白"光其实混合了多种颜色，彩虹就是一个很好的例子。来自太阳的光穿过空气中的水滴之后，就会分解成组成白光的各种颜色，从而形成令我们惊奇不已的彩虹。神奇的是，你看到的彩虹也基本不可能是全貌。彩虹最上层的红色之上还有其他颜色，最下层的蓝色之下也同样如此，只不过这些颜色我们的眼睛看不到罢了。太阳不仅会释放可见光，还会释放各种波长的光，从能量最低、波长长达几千米的光，到能量最高、波长短到只相当于原子直径的光，应有尽有。

我们粗略地把各种波长范围的光分为不同类型，按照波长从长到短的顺序依次是：射电波（无线电波）、微波、红外光、可见光、紫外光、X射线和γ射线。这些不同波长的光加在一起，才是光谱的真容，也就是彩虹的全貌——我们看到的彩虹只是它真正样子的极小一部分。不过，虽然我们看不到可见光波段之外的光，但这不妨碍我们开发利用它们。我们用射电波通信，用微波加热食物，用红外光控制电视，用紫外光杀死细菌，用X射线拍摄身体内部的图像，用γ射线治疗癌症（放射疗法）。

然而，光携带的能量越多，对地球生命的威胁就越大。好在，地球大气能够过滤掉太阳光中的大部分波长。大气中的氧原子会吸收最高能的紫外光，形成臭氧层。类似的，氧原子和氮原子会吸收所有X射线和γ射线，大气中的水分则会吸收微波。于是，只有可见光、部分紫外光（会烧伤你的皮肤，也就是俗称的晒伤）和无害的射电波能够抵达地面。太阳在可见光波段要比射电波段亮1000万倍，所以人类的眼睛自然而然地进化出了相应的能力，可以看到真正抵达地面的太阳光中最为明亮部分。或许，在其他大气成分与地球有所差别的行星上，当地居民（当然，前提是他们真的存在）看到的光与我们完全不同，那是我们甚至都无法想象的全新颜色。

不过，天文学家可不会甘心受到人眼功能的限制。我们"进化"出了一种更强大的能力：发明出对各种波段光敏感的探测器。问题在于，讨厌的地球大气虽然能保护生命免受有害辐射的攻击，但同时也将来自广袤宇宙空间的X射线阻隔在了地球之外。为了解决这个问题，我们便把 X 射线探测器装在望远镜上，然后把望远镜发射到大气之外的地球轨道上。借助这些望远镜，我们"大开眼界"，看到了之前始终藏匿着的真实天空——缀满了各种红外线、X 射线和 γ 射线。这其中就有来自蟹状星云的光线。1054 年，这个天体在可见光波段的亮度或许都盖过了太阳；而如今，它在 γ 射线波段称雄，亮过了太阳以及几乎其他所有天体。

正是这些来自恒星的不同颜色、不同种类的星光让我们知晓了恒星温度有多高，是什么类型以及在死亡时会发生什么。有一些恒星，比如猎户座中的参宿四看上去微微泛红——在漆黑的夜幕中，你用肉眼就能发现这一点，要是你能拍下照片，这个现象就更明显了（要是你用肉眼不太能看到参宿四微微泛红，那就把手机相机调成"夜间模式"，曝光 10 秒，拍下照片，一切就都清楚了）。还有一些恒星，比如天狼星，颜色则偏蓝。

于是，天文学家决定利用恒星的星光给它们分类——分类是所有优秀科学家都会做的事。当然，首先得有一个分类系统。生物学家对动物王国自有一套分类系统，化学家也有元素周期表，同样，天文学家也有一套恒星分类系统，其基础就是夫琅禾费发明的光谱仪——将目标恒星的星光分解成带有间隙（缺失了某些波长的光）的彩虹图样（也即光谱）。这种隐匿的恒星"指纹"就能告诉我们目标恒星的内部组成。正如夫琅禾费本人指出的那样，并非所有恒星的光谱都和太阳一样。

以此为理论基础，意大利天文学家安吉洛·塞奇（Angelo Secchi）率先为恒星分类。1863年，塞奇开始像夫琅禾费当初分析太阳光那样记录下了诸多恒星的光谱，最后收集到了4000多个样本并分为三类。塞奇意识到，虽然光谱中缺失的波长有细微差别，但总体上可以把这些恒星光谱分为三类，他用罗马数字Ⅰ、Ⅱ、Ⅲ来表示（塞奇最后还增加了两个相对较为稀少的恒星种类，分别是1868年的Ⅳ和1877年的Ⅴ）。按照塞奇的分类，太阳属于Ⅱ类恒星，也就是光谱中缺少了很多波长光的那种。我们现在已经知道，这些缺失的波长对应着太阳内部诸多较重的元素，比如碳、镁、钙和铁，这些元素会吸收特定波长的光，就造成了光谱中对应的暗线，我们称之为"金属线"——天文学家把所有比氢重的元素都归为"金属"，这应该会让所有化学家大为恼火。

　　塞奇并不是唯一一个对依据光谱给恒星分类感兴趣的天文学家。19世纪80年代，美国天文学家、哈佛大学天文台台长爱德华·皮克林（Edward Pickering）也开始关注恒星分类。他收集了10,000多颗恒星的光谱作为分析样本。不过，他并非独自一人完成这项工作。皮克林有来自"哈佛计算机"的帮助。如今，"计算机"这个词指称的是一种机器，但在皮克林那个时代，计算机指的是人："那些做计算的人。"（从这个角度上说，称为"计算者"更合适。）哈佛天文台雇用了多组人员承担枯燥乏味的重复性工作以及异常复杂的数学计算。这些计算者多数是女性，她们往往会在需要处理的茫茫数据中作出新发现，或是总结出此前被忽视的结论。[1]在哈佛大学天文台，男性雇员负责体力工作，比如手动操作望远镜、在硕大的照相底片上拍摄照片或光谱；而女性则负责脑力活动，比如反反复复地按照恒星亮度或光谱给它们编目，这项工作无疑很是枯燥。按照如今的定义，哈佛大学天文台的这些男性雇员做的是天文学工作，而女性做的则是天体物理学工作。

在皮克林这 10,000 多张光谱中，大部分恒星的分类是由哈佛计算机之一威廉敏娜·弗莱明（Williamina Fleming）完成的（在这个过程中，她还发现了 10 颗新"客星"）。另外，皮克林和弗莱明还一起修订了塞奇的分类系统，增设了更多恒星种类。他俩将塞奇的五个大类（Ⅰ—Ⅴ）细分为 17 个子类，用英文字母 A—Q 表示。恒星所属分类的字母越往后，其光谱对氢的吸收程度就越小。这个分类结果在 1890 年正式发表，也就是我们如今熟知的亨利·德雷伯星表（The Henry Draper Catalogue，缩写为 HD）。之所以如此命名，是因为资助这个项目的是美国医生、狂热天文爱好者亨利·德雷伯的遗孀玛丽·安娜·帕尔默·德雷伯（Mary Anna Palmer Draper）。

不过，有些人觉得这种恒星分类方法实在太过复杂，比如另一

---

[1] 在此，我还要强烈推荐 2017 年上映的电影《隐藏人物》（Hidden Figures）。这部电影歌颂了太空竞赛及阿波罗项目期间在美国宇航局工作的黑人女性计算者的卓越贡献，尤其是凯瑟琳·约翰逊（Katherine Johnson）、多萝西·沃恩（Dorothy Vaughan）和玛丽·杰克逊（Mary Jackson）。

名哈佛计算者安妮·江普·坎农（Annie Jump Cannon）。1890 年，不满足于仅观测北半球星空的哈佛大学天文台，在秘鲁阿雷基帕兴建了一座天文台以收集南半球恒星（数量比北半球恒星更多）的数据。坎农接到的任务是，将所有观测到的南半球恒星按照亮度分类，进而编制修正版 HD 星表。在此过程中，坎农还简化了分类系统，虽然仍用字母表示，但只保留了 A、B、F、G、K、M 和 O。她还注意到，大部分恒星都介于其中两种类型之间。为此，坎农又在分类系统中增添了数字 0—9 以示区别，而非原 HD 星表中的 17 个大类，比如，某颗恒星的类型为 A5。在坎农的分类系统中，我们的太阳类型为 G2，偏蓝的天狼星类型为 A1，偏红的参宿四类型为 M2。

就这样，皮克林和坎农在 1901 年首次发表了这个全新的分类系统，但他们的工作并没有就此打住。德雷伯星表尚不完备，因为仍有许多恒星没有分类。1918—1924 年，他们又陆续发表了多次补充星表，最终把多达 225,300 颗恒星囊括了进来。在此期间，坎农和她在天文台的计算机同事们要按照该系统**每月**将 5000 多颗恒星分类。

就这样，在 20 世纪初，天文学家掌握了一个给恒星**分类**的系统，但要弄清楚**为什么**恒星可以这样分类，还需要一点时间。是什么导致了恒星光谱之间的差别？是什么让恒星发出的光的颜色各不相同？ 1911 年，也就是在坎农等人补充德雷伯星表期间，丹麦化学家、天文学家埃希纳·赫兹普龙（Ejnar Hertzsprung）计算出了星表中部分恒星与地球之间的距离。由此，他又推算出了这些恒星的真实亮度（称为"绝对亮度"），而非我们在地球上看到的亮度（称为"视亮度"）。赫兹普龙发现，恒星的真实亮度与光谱吸收线的昏暗程度成正比（光谱中缺失的波长／颜色就是吸收线，它们其实并没有完全消失，只是相比光谱其他部分显得更加昏暗）。赫兹普龙依此绘制了一张图，形象地展示出了这两者之间的关联。1913年，

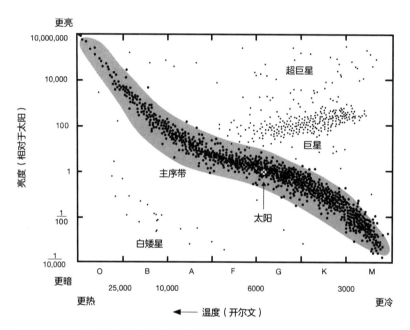

赫兹普龙和罗素为邻近恒星编制的亮度－温度图，也就是我们现在熟知的"赫－罗图"。图中的"主序星"体现了赫兹普龙和罗素最初发现的恒星亮度与温度之间的关联。那些以氢为主要原料展开聚变反应的恒星都是主序星。图中的横轴代表温度，但方向与我们习惯的坐标方向相反，因为赫兹普龙和罗素最初就是这么绘制的。和天文学中的许多现象一样：如果某个现象从一开始就说不通，那一定是历史遗留问题。

美国天文学家亨利·罗素（Henry Russell）测定了更多恒星的距离，从而计算出了更多恒星的绝对亮度并且修订了赫兹普龙的图，结果同样显示恒星的绝对亮度与光谱吸收线强度之间存在关系。然而问题在于，这两者之间究竟存在着怎样的关系？

为了回答这个问题，我们还得回到塞西莉亚·佩恩－加波施金的工作上来（我们在上一章中提到，她在 1925 年发表的博士论文证明，太阳主要由氢构成）。爱德华·皮克林招募女性计算者在哈佛大学天文台工作，同时允许她们以自己的名字署名发表工作成果（这在当时并不常见），这为更多女性进入天文学领域铺设了道路。皮克林在 1919 年去世，继任哈佛大学天文台台长的是美国天文学家哈罗·夏普利（Harlow Shapley），夏普利联合附近的拉德克利夫女子学院在天文台开设了一个针对女性的研究生课程。

于是，加波施金就以研究生的身份进入哈佛天文台求学，而不是以计算者的身份受雇为天文台工作。后来，她拿到了哈佛大学拉德克利夫学院①的第一个天文学博士学位。②加波施金在攻读博士学

---

① 其实，拉德克利夫学院在 1999 年才并入哈佛大学，如作者所说，当时加波施金拿到的其实是哈佛大学天文台与拉德克利夫学院这个联合项目的第一个天文学博士学位。——译者注

② 1956 年，佩恩－加波施金还成为了第一个拿到哈佛大学教授头衔的女性，最后当上了该校天文学系主任，这也使她成为哈佛大学历史上第一位担任系主任的女性。同时，她也指导了很多研究生，其中就包括后来以德雷克公式闻名的弗兰克·德雷克（Frank Drake）。德雷克公式的主要作用是估算银河系中存在多少高等文明。

位期间究明了恒星分类（A、B、F、G、K、M和O）与其温度之间的关系。在此之前，她读到了印度北方邦阿拉哈巴德大学教授、物理学家梅格纳德·萨哈（Meghnad Saha）的论文，萨哈当时正研究气体在高温下的行为。萨哈运用量子力学（一门研究微小粒子性质的学科）的思想计算出了原子在极高温和极高压下会发生什么。他意识到，温度或压力越高，气体的离子化程度就越高，也就有更多电子从围绕原子核运动的轨道上释放出来，形成更多可以自由运动的电子（带负电）和原子核（带正电）。萨哈用一个美妙而整洁的方程总结了气体离子化程度与温度和压力的关系，这就是著名的萨哈方程①。

不少物理学家意识到萨哈的研究成果意义重大，比如英国天文学家拉尔夫·福勒（Ralph Fowler）。他意识到，既然气体的离子化程度会导致恒星光谱中的吸收线数量出现变化，再结合萨哈方程，那就意味着恒星的温度也会影响光谱。如果恒星温度过低，那么电子就没有足够的能量跃迁到能量更高的轨道上去，于是，由电子导致的吸收线就会变少。如果恒星温度过高，那么气体离子化程度也会过高，就没有多少电子留在原子轨道上吸收光了，这也会导致光谱吸收线减少。因此，只有在恰到好处的温度下，电子的活跃性才会刚好达到吸收最多光线的状态，才会让恒星光谱中出现大量吸收线。

_____

① 我认为这就是每一位物理学家的梦想——构思出一个全新的方程（当然，一幅特定的图也可以），然后用自己的名字命名。

塞西莉亚·佩恩－加波施金以这些结论为基础向前更进了一步，她证明安妮·江普·坎农分的七大类恒星按照温度从高到低排序为 O–B–A–F–G–K–M，其中，A 型恒星光谱的吸收线最多，因为这类恒星的温度恰到好处，既不太高，又不太低。意识到光谱吸收线数量与恒星温度有关，与元素含量无关后，加波施金又证明，太阳的氢含量最高，而且要比其他任何元素都高至少 100 万倍。1925 年，加波施金正式发表这项研究成果，但她的论文审核人亨利·罗素劝阻她不要在论文中直接表达如此大胆的结论，毕竟这与当时的主流观点——地球与太阳的元素组成类似——相悖。1929 年，罗素用另一种方法独立地证明了太阳内部的主要成分是氢。不过，虽然他本人把功劳归给了佩恩－加波施金早先的工作，但人们还是常常错误地把这项发现归功于罗素。

多亏了佩恩－加波施金的贡献，我们现在才得以明白星星为什么闪耀，明白恒星亮度与光谱吸收线强度及其分类之间的关系。坎农发明的这个分类系统的确很简洁，时至今日，刚踏入天文学大门的学生还在用一句便于记忆的俏皮话背诵这七个恒星类别："Oh Be A Fine Guy/Girl Kiss Me."① 这就是现在几乎所有天文系学生都会学习的哈佛分类法——或许叫作"坎农分类法"更为合适——只是，没有多少人了解这个分类法背后的诸多女性天文学工作者。

---

① 意为："哦，做个好小伙 / 姑娘，吻我。"句中 7 个英文单词的首字母就是按温度从高到低排序的 7 个恒星大类。——译者注

言归正传，我们现在已经知道恒星的温度决定了光谱中吸收线的强度，而光谱吸收线强度又和恒星的绝对亮度有关，于是就有了这样一组基本关系：恒星的温度与其绝对亮度有关。这种关系可以用"赫兹普龙－罗素图"表示。恒星的温度越高，释放的光就越多，而且携带的能量也越高。太阳表面的平均温度是 5778 开尔文 ①，这意味着它释放的光中波长在 500 纳米（也就是 0.0000005 米）左右的最多，这个波长的光颜色偏绿。另外，太阳释放的红光与蓝光也不比绿光少多少，于是，这三种数量接近的光混合在一起就形成了白光。这也是为什么我们看到的太阳并不是绿色的。参宿四的温度比太阳低，在 3600 开尔文左右，因而显红色；天狼星温度就高了，有 9940 开尔文，因而显蓝色。

可是，问题又来了，为什么恒星的亮度和温度有关？全面认识恒星的最后一张拼图就是质量。爱德华·皮克林在推动哈佛大学天文台的雇员们为恒星分类时，自己则在研究双星——所谓双星，就是一对互相绕转的恒星。他在研究过程中计算出了不同光谱型的恒星分别有多重：最重的是 O 型星，最轻的是 M 型星；在大多数情况下，恒星质量越大，温度和亮度就越高。

这个结论相当合理，因为它符合开尔文勋爵当初对恒星的看

---

① 如果不用温度的标准单位开尔文，改用常用单位摄氏度的话，那么太阳的平均温度就是 5500℃（如果你一定要用华氏度，那就是 9332 ℉）。开尔文和摄氏度之间的转换很容易，只需要在前者的温度值上减去 273.15 就得到了后者。

法：恒星自身引力效应带来的向内收缩趋势始终与内部核聚变产生的向外扩张趋势相平衡，这才有了我们看到的恒星。最重的恒星自身引力效应也最强，向内收缩的压力也最大，恒星内部受到加热后，温度就会变得比小质量恒星高得多。为了对抗向内收缩的巨大压力，大质量恒星就必须产生同样大的向外膨胀的推力：它们必须在同样的时间内燃烧更多燃料，这样才不会在自身引力效应下坍缩。这就是为什么大质量恒星总是更亮——它们无时无刻不在对抗自身的强大引力。因此，虽然相比我们的太阳，大质量恒星的氢含量多得多，但它们的聚变反应速率也快得多，结果是它们的寿命反而更短，而且是短得多。一颗 O 型恒星质量可以比太阳重 90 倍，但寿命可能就只有 100 万年（太阳的寿命是 100 亿年，也就是说这颗 O 型恒星的寿命只有太阳的万分之一）。没办法，大质量恒星"一生潇洒，哪怕英年早逝"。

恒星终其一生都在孜孜不倦地把氢聚变成氦。其间，它们始终处于赫兹普龙–罗素图中的所谓主序带上，也即亮度和温度呈最常见的关系。不过，当恒星的氢燃料不足时，亮度和温度就会偏离这种关系：恒星会慢慢冷却，并且变得越来越红，但是亮度保持不变。具体做法则是不断膨胀，变得无比巨大，为此，我们称其为"巨星"（如果恒星变得特别特别大的话，我们就称其为"超巨星"）。如果你发现有一大团恒星都在同一时间形成，那就可以知晓它们的年龄，因为最亮的 O 型星很快就会死亡并且从赫兹普龙–罗素图上消失，主序带也总有一天会回到原来的样子，产生许多巨星。

恒星膨胀到巨星尺寸是为了推迟死亡的到来——虽然死亡根本不可避免。举个例子，当太阳在大约 50 亿年后开始耗尽氢燃料时，它会在赫兹普龙－罗素图上走出一条异常曲折的路径，先是膨胀成一颗红巨星，然后逐渐把外层物质抛洒到宇宙空间中，最后只留下一颗白矮星（温度极高但亮度极低）。可是，为什么它要这么做？恒星以膨胀的方式推迟死亡时究竟发生了什么？

1929 年，天文学家终于把所有的拼图都拼到了一起，他们确认了为太阳以及所有恒星供能的机制就是氢聚变成氦。从这个结果出发，天文学家真正踏上了理解恒星内部运作机制之路。从物理角度上说，要怎么才能让 4 个氢原子结合在一起聚变成氦呢？ 1939 年，犹太裔美籍核物理学家汉斯·贝特（Hans Bethe）揭晓了恒星内部的聚变反应究竟是怎么开展的。① 在此之前，乔治·伽莫夫——如前文所说，伽莫夫通过数学计算得出了两个氢原子克服排斥力结合到一起的概率虽然极小但不是零——就提出了氢原子合并的链式反

---

① 贝特的母亲是犹太人。贝特原本在德国蒂宾根大学做研究，但是 1933 年，刚上台的纳粹党颁布的反犹种族主义法律《恢复专业公务员法》导致大学解雇了他。此后，贝特在英国曼彻斯特大学短暂地逗留了一段时间。1935 年，他搬到了美国，从此一直在康奈尔大学担任教授。第二次世界大战期间，丰富的核物理学知识让贝特成了洛斯阿拉莫斯实验室理论研究部门的负责人，并开始研制第一批原子弹，其中包括 1945 年在日本长崎投下的那颗。晚年，贝特站在阿尔伯特·爱因斯坦一边，公开反对核试验和核军备竞赛。

应。首先，两个氢原子聚变产生重氢，也就是氘。氘和氢一样只有1个质子，但氘还有一个中子，这让它变得重了一些。[1] 真正决定某个原子是什么元素的是质子数量，中子数量只会影响原子有多重。一般来说，原子内的中子和质子数量总是相等的——当然也有不少例外，比如氢，正常的氢原子是不含中子的[2]——我们称这些具有相同质子数但中子数不同的原子为"同位素"。在链式反应中，重氢又会和另一个氢原子聚变形成比较轻的一种氦原子（也即氦-3，氦的同位素）。最后，氦-3又和另一个氢原子聚变，形成正常的氦。

不过，贝特并不认为质子的链式反应就是恒星内部发生的一切。如果只有质子的链式反应，那么太阳以及其他恒星内部那些更重的元素（比如碳）又是怎么来的呢？这些元素的存在又会怎么影响恒星内部的核反应呢？贝特意识到，碳的存在可以在核反应中起到催化剂的作用，至少在恒星温度足够高时完全可以。恒星可以让氢与碳、氮、氧循环结合，最后形成氦。具体循环过程如下：

1. 碳原子和氢原子（第一个）聚变形成比较轻的氮原子

2. 较轻的氮原子衰变成较重的碳原子

3. 较重的碳原子和氢原子（第二个）聚变形成氮原子

---

[1] 要是你不记得或是从来不知道质子、中子、电子是什么，没关系，下一章我们就会讲到。

[2] 除了氢之外，还有很多比较重的元素原子内中子数与质子数也不相同。如果没有额外的中子让这些重元素原子内的粒子结合在一起，它们就会发生放射性衰变，变成更轻的元素，因而处于不稳定状态。

4. 氮原子和氢原子（第三个）聚变形成较轻的氧原子

5. 较轻的氧原子衰变成较重的氮原子

6. 较重的氮原子和氢原子（第四个）聚变，然后又分裂成碳原子和一个氦原子

在这个循环中，起始时有碳，结束时也有碳（碳既没有增多也没有减少），中途用到了 4 个氢原子，最后生成了一个氦原子。这就是 CNO 循环（碳氮氧循环）。

贝特计算得出结论，在更高的温度下，CNO 循环要比质子—质子的链式反应效率高得多。也就是说，氢与碳或氮发生聚变反应的可能性要比与自身聚变大得多。1940 年，贝特正式发表了这项成果，并于 1967 年获得诺贝尔物理学奖——因为他破解了恒星能量来源之谜。① 不过，这仍旧没有解答，恒星中的碳、氮和氧是怎么来的。氢是最简单的原子，核内只有一个质子。可以说，氢是构建宇宙大厦的基本砖块。另外，氢也是宇宙中丰度最高的元素，因此，一定还有别的机制将氢转变成比氦更重的元素。

贝特本人从来没有考虑过这个重元素来源问题。几年后，也就是 1946 年，英国天文学家弗雷德·霍伊尔（Fred Hoyle）才揭晓了答案。霍伊尔本来只是剑桥大学圣约翰学院的一名讲师。他在恒星

① 现在我们知道，质量与太阳相当的恒星，内部发生的反应主要还是质子—质子的链式反应，只有那些质量明显比太阳大的恒星才用 CNO 循环为自己供能。

重元素来源问题上的观点是他后来声名鹊起的原因之一[①]，并且最终让他成了剑桥大学理论天文学研究所的第一任所长。霍伊尔提出，当恒星燃料耗尽时，就再也不能维持向外膨胀的推力以对抗引力效应产生的向内收缩的压力，于是，恒星就会在引力的作用下坍缩。在外层物质不断向恒星核心坠落的过程中，恒星内部温度会上升到几百摄氏度，于是，此前聚变合成的氦原子核和剩余的氢就会结合在一起，聚变形成元素周期表中的其他所有元素，而且这些产物的产量大致相当。

这个观点的问题在于，最后形成的那些元素应该就困在坍缩后的恒星上了，永远不见天日。然而，我们知道，那些元素最后一定通过某种方式在宇宙中扩散开来，这才有了形成太阳系的原材料。为此，霍伊尔修正了理论，重新认识恒星在氢燃料耗尽时经历的这个怪异的巨星阶段。他提出，只有恒星核心的温度才高到足以驱动聚变反应，因此，恒星终其一生其实也只是把大约 5% 的氢转化成了氦（还记得吗？我们在第一章中提到过，阿瑟·爱丁顿就认为恒星只要有 5% 的质量是氢就足够它燃烧了）。当大质量恒星耗尽了核

---

① 霍伊尔出名的另一个原因是，他强烈反对关于宇宙起源的大爆炸理论。实际上，"大爆炸"这个词，就是他在英国广播公司（BBC）一档广播节目中杜撰出来的，目的是为了形象地为英国听众解释这个理论，而且带着调侃的意味。霍伊尔本人坚持认为，宇宙早已存在，而且始终都是这个样子，未来也仍旧会以这种稳定不变的状态维持下去。最后，事实证明，霍伊尔错了，而他调侃的大爆炸理论却笑到了最后。

心的氢燃料后，构成恒星的所有物质都会在引力的作用下坍缩，于是，由氢构成的恒星外层大气也会落到现在完全由氦构成的恒星核心上。

在恒星不断坍缩的过程中，最靠近核心的氢又会被加热到足够高的温度并且重启聚变反应，形成氦。与此同时，恒星的氦核和周围由氢构成的大气温度也会开始上升。核心部分收缩得越厉害，温度就越高，唯一能平衡这种收缩效应的方法就是让外层氢大气向外膨胀，变得异常弥散。就这样，恒星就变成了巨星——如果恒星原来的质量特别大，就会变成超巨星——恒星外层大气在向外弥漫的过程中会逐渐冷却，这就是为什么巨星呈红色。

与此同时，恒星的核心部分也没有消停，聚变反应始终在紧贴着核心的那层空间中进行，核心的温度也因此变得越来越高，高到开始将氦聚变成碳。最后，恒星核心周围的氢也耗尽了，于是又开始坍缩，直到温度高到足够在核心附近的另一层空间中再度重启氢聚变。原来那层现在已经完全变成了氦，并且开始用氦聚变成碳，而最核心部分的碳则开始聚变成氧。随后，恒星就会不断重复这个过程，直到最后变成类似洋葱的样子——恒星为了阻止不可避免的坍缩，不断升温，启动了一层又一层的聚变反应，最后形成了一层又一层的重元素。

此后，恒星的核心部分仍会继续聚变，形成越来越重的元素，直到硅聚变成了铁。铁的出现彻底宣判了恒星的死刑。铁也可以聚变成更重的元素，但这个聚变反应需要输入的能量大于产生的能量，因此不能作为供能机制。于是，恒星再次收缩，但再也不会产生额外的元素层，也再也不会重启聚变反应以对抗向内收缩的引力效应。恒星外层那些较轻的元素向内坍缩，在很短的时间内释放大量热量，温度呈指数式上升，从而爆发出一道在整个星系内外都能看到的巨大亮光。再之后，它们就会被恒星核心部分那些较重的元素反弹回去，抛洒到宇宙空间中。这整个坍缩和反弹的过程就是"超新星爆发"。①

1954 年，霍伊尔正式发表了这个恒星死亡假说，1957 年又联合3 位科学家——美国物理学家威廉·福勒（William Fowler）、英国天文学家杰弗瑞·博比奇（Geoffery Burbidge）和英裔美籍天文学家玛格丽特·博比奇（Margaret Burbidge）——撰写了天体物理学史上最有影响力的研究论文之一：《恒星中的元素合成》。这篇论文还有个昵称：B^2FH（4 位作者姓氏的首字母）。它在本质上其实是一篇综述，囊括了恒星聚变产生重元素方面的所有工作（核物理学家的贡献）、恒星各重元素占比方面的观测结果（天文学家的贡献），

---

① 值得一提的是，太阳因为自身质量不够大，而不会经历上述过程。在大约 50 亿年后，太阳会膨胀成一颗红巨星，吞噬水星、金星、地球，甚至可能还有火星，但不会像大质量恒星那样进入洋葱状态。因为太阳质量不够大，引力效应就不够强，核心部分没有足够的能量启动碳和氧向更重元素聚变。届时，红巨星太阳的核心部分会变得非常热，将外层大气推向宇宙空间。这个场面绝不是壮观的超新星爆发，反而像是垂死之人咽下最后一口气。

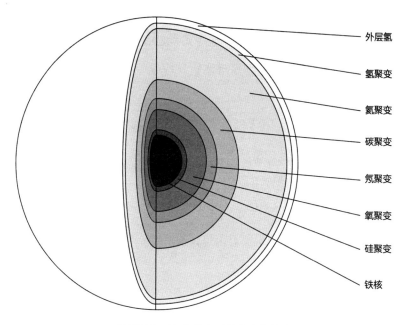

外层氢

氢聚变

氦聚变

碳聚变

氖聚变

氧聚变

硅聚变

铁核

超巨星临近生命终点时的洋葱状结构

以及霍伊尔提出的恒星"洋葱式"死亡的理论。这篇论文确认了垂死恒星的每一层中都会发生核反应,预言了这个过程中各种元素的产量,还证明了如此种种都与天文学家通过恒星光谱收集到的观测数据相符。就这样,此前50年对恒星供能机制的研究就浓缩在了这篇优秀、整洁的小论文中。

B²FH论文不仅在天体物理学领域大名鼎鼎,同时还吸引了公众的注意。既然恒星是高悬宇宙空间之中的巨大熔炉,所有元素都在其中生成,且最后播撒向整个宇宙,那就意味着你、我,乃至整个地球都是"星尘"的产物。这听上去的确很有诗意，但我最爱（也是我认为最准确）的比喻是，这些元素是"超新星排泄物"。我当然知道，"我们都由'超新星排泄物'构成"这种说法毫无诗意可言，但我就是喜欢。

中国天文学家在 1054 年记录到的明亮"客星"其实就是一颗超新星，我们如今看到的蟹状星云就是它的遗迹。不过，蟹状星云的中心又是什么，竟能发出如此之多的 γ 射线？垂死恒星的核心部分在反弹走外层大气后又会发生什么？之后要是再也没有什么机制能够抵御引力的无情挤压，又会出现什么情况？

于是，我们要说到黑洞了。

第三章

的确有一些山高到可以阻隔你我[*]

如果我可以改变整个物理学领域中的一个现象，那我会给黑洞换一个名字。"可是，一个名字又有什么要紧呢？"[①] 你，还有朱丽叶，可能会这样问。**关系大着呢**。托尔金（Tolkein）或许认为，"Cellar Door"（酒窖之门）是英语中音韵最为优美的两个单词，而我认为，这世上再也没有哪两个单词比"黑洞"（black hole）给人造成更多误解和错觉了。黑洞给人的感觉就像是一口深不可测的暗井、水槽的下水口，甚至是吸走航天飞船的宇宙漩涡，就像海上的水手不知不觉间被海洋涡流卷走一样。

　　黑洞这个名字最令人担忧的问题或许是它似乎让人觉得：黑洞就是什么都没有，认为它是某种负空间，或是某种可以吸走事物的空间。好吧，我来告诉你，黑洞其实与你日常生活中遇到的洞毫不相干。黑洞根本不是什么都没有，而是**什么都有**。黑洞中的物质都以可能达到的最高密度存在。如果一定要拿地球上的事物来类比的话，我更愿意把黑洞比作山，而非洞。

---

① 　原文"What's in a name?"正是《罗密欧与朱丽叶》中朱丽叶的一句对白。——译者注

那么，"黑洞"这个词中"洞"的概念究竟是从何而来呢？爱因斯坦的广义相对论应该要负一部分责任。首先，广义相对论是一种引力理论，它告诉我们空间中的物体会如何影响其他物体的运动路径，比如影响天体运行的轨道，或是令其发生快速的偏折。看到这里，你很可能在想，**这不就是那个叫牛顿的人被苹果砸中头时想到的吗**？理论上讲，确实如此。按照很多牛顿同时代人的说法，17世纪60年代，这位英国物理学家、数学家在位于林肯郡家中的花园里看到苹果落地后，开始思考是什么力导致了这种现象。牛顿好奇，为什么苹果总是径直落到地上，从来不会斜着掉下来，更不会飞到天上去。他由此推论，一定有某种来自地球正中心的力始终吸引着苹果。从牛顿当时记在笔记本上的内容来看，他思考这个问题长达数年，而且很是好奇地球产生的这种力是否会延伸到地表之外，甚至有没有可能正是这种力使月球在现在的轨道上运行。

大约20年后，1687年，牛顿出版了他最出名的作品《自然哲学的数学原理》，在书中他提出了著名的运动学三定律：第一，静止的物体会保持静止，运动的物体会保持运动，除非有外力作用；第二，物体受到的力等于该物体质量与加速度的乘积（学生总是需要反复应用之后才能记住这个公式 $F=ma$）；第三，每个作用力都对应一个大小相等方向相反的作用力[1]——也就是说，你在拉东西的

----

[1] 音乐剧《汉密尔顿》（*Hamilton*）的粉丝一定知道下一句是："因为汉密尔顿，我们的内阁四分五裂。"（这是美国著名音乐剧《汉密尔顿》的唱词，前一句就是牛顿第三定律。——译者注）

时候，它也在拉你。

不过，牛顿并没有就此打住。他还提出了具有普遍意义的引力定律，也即提出宇宙中的任何一个粒子都与其他所有粒子互相吸引，且这个力的大小正比于粒子的质量，反比于互相之间距离的平方（所以随着距离的增加，这种引力迅速衰减）。因此，此时此刻，这本书正"吸引"着你，而你也吸引着这本书，只不过，从天文学角度上说，你和这本书质量都不算大，因而你几乎感觉不到互相之间的这种引力（大约是 0.000000005 牛顿，作为对比，你咀嚼食物的时候，臼齿产生的咬合力大概是 1000 牛顿）。

牛顿在《原理》一书中提出，整个宇宙中遍布着一种虽然看不到但可以作用于极远距离之外的力。当时，许多科学家和哲学家强烈质疑牛顿的这一观点，甚至指控他陷入了"神秘主义"思想，认为他疯了。在此，我要提醒读者，你也同样看不到磁力，但仍旧可以清晰地感受到两块磁铁之间的吸引力。从古代起，人们就知道磁效应，1600 年，英国哲学家威廉·吉尔伯特（William Gilbert）还发表作品阐述地球本身就是一块大磁铁。因此，看不见的力在科学界早已存在，并不是牛顿首创，牛顿当时可能是在盛怒之下一时没有想起这个足以秒杀全场的有力反驳证据。

牛顿在《原理》一书中的观点为人们提供了描述引力的理论框架，最终还使他成为国际科学界的知名人物，但是《原理》一书其实并没有解释引力究竟是什么、是怎样产生的，这让科学界大为苦恼。直到200多年后——当然在这200多年中，科学家也在不断努力尝试——才出现了又一个引力理论，解释了引力的来源，那就是爱因斯坦的广义相对论。在那之前，虽然科学界最终接纳了牛顿的运动定律和引力定律，但仍有一个问题没有解决。虽然借助牛顿的引力理论能非常准确地预测太阳系各大行星围绕太阳运动时的轨道，但对于水星这颗离太阳最近的行星，理论预测总是与实际观测结果存在偏差。

没人知道这究竟是为什么，直到牛顿逝世100多年后，1859年法国天文学家于尔班·勒维耶（Urbain Le Verrier）揭晓了答案。1846年，勒维耶观测到天王星轨道的反常情况，因而成了彼时天文学界内的知名人物，且颇受爱戴。他预言，天王星轨道之外一定还有一颗巨行星，正是后者的引力效应导致了海王星轨道的异常。此外，他还写信给柏林天文台，告诉对方观测哪个位置以搜寻这颗巨行星。柏林天文台开始搜寻后的第一晚就当真在距勒维耶预测的位置仅差1°的地方找到了一颗新行星，这就是海王星（这个预测已经很精确了。1°的偏差有多小呢？向天空伸直你的手臂，此时你的小拇指和脸之间的距离差不多就是1°）。

要是你成功预测了太阳系中此前无人知晓的又一颗行星，接下来你会做什么呢？勒维耶的选择是，通过计算预测太阳系中所有行星的运动和位置，确保再也没有遗漏。这无疑是项艰巨的任务，勒维耶的余生都为此忙碌。正是在这个过程中，他研究了水星的轨道。经过多年观测后，勒维耶在 1859 年发表了他得到的数据：一张长长的单子，记录了多年来水星的位置变化。他留意到，之所以自己（当然还有其他人）对水星位置的预测出现了偏差，是因为这颗行星的近日点在"进动"。

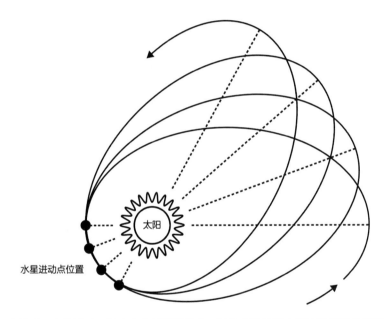

水星近日点的进动。图中夸大了相关效应，以清楚地体现在长达数千年的时间尺度上，进动导致的这种"繁花曲线"轨道。

行星围绕太阳运动的轨道并非完美的圆形，而是椭圆形。这种轨道上有两个点相对特殊：一是距中心最远的位置（就行星围绕太阳运动的情况来说，中心就是太阳，最远的位置就是远日点）；二是距中心最近的位置（也就是近日点）。① 举个例子，每年 1 月 5 日，地球就在近日点上，此时与太阳之间的距离为 1.471 亿千米；7 月 5 日，地球运动到远日点，与太阳之间的距离达到 1.521 亿千米。两者之间相差 500 万千米！

就地球的情况来说，近日点和远日点始终不变，总是出现在相同的位置。然而，勒维耶发现，水星的近日点会进动，也就是说，水星在绕太阳运动的时候，每一圈的近日点都不相同、不重合。如果你真的把水星在许多年内围绕太阳运动的轨道画出来，就会形成"繁花曲线"图案 ②。当然，你得画上很多很多条这样的轨道才行，只画几条是体现不出这种效应的。因此，虽然水星每 88 天就能绕太阳一圈，但勒维耶还是观测了许久许久才等到这种进动效应明显地体现出来。

从某种角度上说，水星轨道的反常现象也并不算太意外，毕竟，牛顿本人就预料到了这一点。当小质量物体围绕大质量物体运动且还有其他物体围绕后者运动时，这个小质量物体就会受到系统中其他所有物体的轻微扰动。因此，水星近日点进动的主要原因就是，它并不只是和太阳发生相互作用，同时还受到同样围绕着太阳运动的其他七颗行星（当然还有太阳系中的所有矮行星、彗星、小

---

① 其实，圆就是椭圆的一种特例，圆上每一点都距中心最近也最远。
② "繁花曲线规"（也叫"万花尺"）是我小时候最喜欢的游戏道具。用彩色凝胶笔画出各式各样、千奇百怪的繁花曲线，实在是令人痴迷。

行星等）的引力拉扯。不过，勒维耶率先指出，如果你运用牛顿引力定律方程预言水星近日点在每个世纪内的进动程度，最后得到的理论结果要比实际观测数据小一些。

对于这个问题，勒维耶首先想到的不是大家已经接纳并因循了170多年的引力理论出了问题。相反，他一开始花了很多精力思考理论与实际之间的这种偏差是否存在其他方面的原因，比如：太阳并不是完美的球体，而是一个扁球体，两极微微有些扁。这倒不是什么新鲜的想法，因为我们地球就是这样，而且由于土星的自转实在太快，导致赤道区域的物质鼓出了一些，所以土星也是如此。这和你坐旋转木马时总是会感受到好像有个力要推你下去是一个道理。事实也确实证明，太阳的形状的确在水星近日点进动现象中起到了些许作用，但仍不足以解释如此大的偏差。于是，勒维耶又提出，水星轨道的内侧可能还有一颗未知的行星在距太阳近得多的位置上围绕着太阳运动。

就当时而言，这个新行星的观点是支持者最多的，其中有一部分原因是，就在13年前，勒维耶就根据天王星轨道的反常情况成功预测了海王星的存在。因此，虽然在你我看来，太阳和水星之间还有一颗行星的想法多少是有些奇怪了，但就当时来说，这种想法也不算太离谱。毕竟，发现海王星的过程还历历在目，大家就都觉得太阳系内肯定还有别的什么此前不知道的天体。于是，在19世纪剩下的日子里，寻找这颗位于太阳和水星之间的假想行星就成了许多天文学家的工作重点（人们当时甚至都给它起好了名字，叫"瓦肯"，那是罗马神话中管理火山、火焰和锻造的神）。

大家都渴望成为又一个发现新行星的人，这就催生了许多错误的论断，比如有些人就信誓旦旦地宣称在日食期间看到了一颗距太阳很近的行星，而且它所在的位置是之前普遍认为没有天体存在的。然而，在同一场日食中，并没有其他目击者报告看到了这样一颗行星。像这样的错误论断当时有很多，而且五花八门，根据不同的说法就会推导出完全不同的瓦肯星特征和轨道。如果各种说法指向的都是相同的特征，那么这个水星轨道内侧还有一颗行星的想法或许就相当有说服力了，但事实显然并非如此，而且，人们很快就清楚地意识到，这颗假想中的行星确实仅存在于假想中，自然也无法解释水星近日点的进动问题。

就这样，在所有其他选项最后都证明不成立的情况下，唯一的解释就只有牛顿的引力理论存在缺陷。于是，爱因斯坦登场了。20世纪的头十年里，爱因斯坦就向全世界公布了他的狭义相对论。这个理论描述的是，当你的运动速度接近光速的时候，对时间和空间的感知会出现何种变化。狭义相对论引入了时间膨胀（你运动得越快，就觉得时间流逝得越慢，因而也叫"钟慢"）和长度收缩（你运动得越快，前进方向上的长度就越短，因而也叫"尺缩"）的概念。和大部分具有革命意义的理论一样，狭义相对论引发了巨大争议，而且也确实留下了许多悬而未决的问题。为此，爱因斯坦又提出了一种全新的解释引力的方法。他提出，引力就是空间本身的弯曲。大质量物体可以弯曲自身附近的空间，于是，所有在其附近空间中运动的物体——无论是行星，还是光——都会沿着一条弯曲的路径行进。我们时常把这个场景想象成一条绷紧的床单（或蹦床），中间放着一个篮球。此时，如果你再在床单上滚动一个乒乓球，那么哪怕你起初是沿直线推动乒乓球的，最后它也会沿一条弯曲的路径运动。虽然这个类比的确很棒，但仍不足以帮助我们想象出三维空间的弯折，因为这完全超越了人脑的理解范围。

爱因斯坦在1907—1915年的一系列论文中发表了广义相对论，而且提出了能够描述大质量物体所引发空间弯曲的方程。这是一个通用方程，能够应用于各种情况，比如各种质量的物体，以及最关键的，以各种速度（无论是普通速度还是接近光速）运行的天体。爱因斯坦发现，当她把广义相对论应用到太阳系中时，如果目标天体的运动速度远小于光速或距大质量天体很远，那么这个方程就会退化为牛顿方程。因此，从本质上说，牛顿方程并没有错，因为它们其实只是更具一般意义的方程的特例而已。正是因为水星相当接近大质量天体（太阳），所以适用于水星轨道的爱因斯坦方程才与牛顿方程之间出现了细微差别。此外，爱因斯坦还计算出了两人方程间的这种差异会对水星轨道预测结果产生多大影响以及水星近日点会出现多大程度的进动。他发现，计算结果和勒维耶测量得到的数据完全吻合，便把这当作支持广义相对论的有力证据。另外，爱因斯坦还提出，还有两个现象也能证明这个新理论：一是大质量物体会导致光红移（这种对光波长的拉伸现象，叫作"引力红移"，在 1954 年最终得到证实）；二是大质量物体会弯曲光。

爱因斯坦在世时，受技术条件限制，人们只能探测到后一种现象：在日食期间，研究人员发现，来自遥远恒星的光被太阳弯折了。那次日食期间，天空变得相当昏暗，足以在白天看到那些藏在太阳背后的恒星——原本通常只能在 6 个月前的黑夜里见到，因为彼时地球正好运动到太阳的另一侧。也正是在日食期间，人们才能将目标恒星白天在天空中的位置同夜晚的位置相比较，以确定是否出现明显的变化——如果太阳可以弯曲附近的空间，那么远方恒星发出的光在抵达附近时一定会发生偏折，具体表现就是目标恒星白天与黑夜的位置差异。为了验证爱因斯坦的理论，英国天文学家弗兰克·戴森（Frank Dyson）和阿瑟·爱丁顿（此时的爱丁顿已经相当有名，因为在第一次世界大战爆发后，正常的科学界交流中断，全靠他向英语世界解释广义相对论。只不过，相比日后凭借对恒星能量来源问题的研究成为物理学界的大人物，此时的爱丁顿还不算太出名）组建了两支探险队去海外观测 1919 年 5 月的日食。① 其中一支探险队由格林尼治皇家天文台的安德鲁·克罗姆林（Andrew

① 时年 34 岁的爱丁顿本该应征入伍参加第一次世界大战，但他声称自己是贵格会信徒，明确表示拒服兵役。这次组织探险队考察日食也为他免于应征加入英国军队提供了正当理由。

Crommelin）和查尔斯·朗德尔·戴维森（Charles Rundle Davidson）率领，前往巴西小镇索布拉尔。另一支则由爱丁顿本人以及埃德温·科廷厄姆（Edwin Cottingham）率领，前往位于非洲西海岸的王子岛。

1919 年，爱丁顿和科廷厄姆在王子岛上拍摄到的一张日食照片

虽然这次日食期间有几天天气不好，但爱丁顿还是收集到了足够多的照片，记录下目标恒星在天空中的位置，并宣称结果与广义相对论的预测吻合。1919 年 11 月，这个结果在英国皇家学会的一次会议上正式公布，翌日成为全球各大媒体的头版头条。其中最有名的当数《纽约时报》在 1919 年 11 月 10 日发表的头条文章，标题这样写道："原来天上的光都是歪的……整个科学界为之沸腾……

大家都不必恐慌。"① 这样一来，爱因斯坦，这个用全新的引力理论"纠正"了牛顿的男子，成了全世界的知名人物，反倒是科学界还多花了一阵子才接纳他的广义相对论。这当然是有原因的。

首先，对我们科学家来说，单单一项实验、一次测量是远远不够的。实验结果必须能够重复出来，但遗憾的是，日食并不会每天出现，而且就算有日食，天气也总是会产生干扰，甚至让人彻底无法观测。其次，当时，相当一部分科学家还没有足够时间深入研究广义相对论。爱因斯坦论述该理论的文章是用德语写的，并非所有科学家都有自己母语的准确翻译版本，毕竟，这要求译者既要相当熟悉物理学，又要大致了解广义相对论。

值得一提的是，爱因斯坦从未基于广义相对论预测黑洞的存在（很多人都觉得他有这么做过，但这其实是个流传甚广的误会），但是，早在爱因斯坦之前许久，关于黑洞的大致构想就已经出现了。1783 年，白天是牧师、晚上是天文学家的英国人约翰·米切尔（John Mitchell）思索着那些质量大到连光都无法逃逸的天体，称它们为"暗星"（dark stars）。他甚至还无比正确地预言，如果这种天体存在，那我们仍旧可以通过它们对其他可见天体的引力牵拉效应观测到它们。

1915 年，在广义相对论正式发表仅仅数月后，德国物理学家、

———————————

① 标题中有部分内容宽慰大众无须有任何担心，这点我尤其欣赏。

天文学家卡尔·史瓦西（Karl Schwarzschild）在求解爱因斯坦方程组（后面还会详细介绍）的过程中无意间发现了第一个对黑洞的数学描述。史瓦西计算得到的方程解描述的一种可能的情况是，所有质量都坍缩到一个点上。在这种情况下，方程组中的许多项就变成了无穷。连时间本身都会停止，导致这类天体成为所谓的"冰冻恒星"。不过，若按照爱因斯坦对引力的描述——即把引力看作时间和空间的弯曲——然后再联想那个蹦床的类比，我们就可以想象，当在蹦床上放置一个密度极大、质量极高的物体时，床面一定会出现一个极深的凹陷。你可能会说，这不就是"洞"吗？没错，就是这样，虽然我们的确应该感谢爱因斯坦，但或许也必须承认正是他把空间中的"洞"这个概念植入了人类大脑。

当然，当时的科学家们并不认为史瓦西求得的理论解在现实中真实存在。我们现在所谓的"黑洞"指的其实是"因引力影响而完全坍缩的恒星"，或者干脆只是"坍缩了的恒星"。这也是著名的瑞士天文学家弗里茨·兹维基（Fritz Zwicky）在 1939 年一篇论文中的描述。然而，到了 1971 年，我们发现斯蒂芬·霍金在论文《引力坍缩后的极低质量物体》中称这些天体为"黑洞"。因此，20 世纪 40 年代至 70 年代之间究竟发生了什么，使得这个术语登上了历史舞台？从词源学上讲，"黑洞"一词的来源究竟是什么？

如今看来，著名美国物理学家罗伯特·H.迪克（Robert H. Dicke）要负主要责任，是他杜撰了这个最终在天文圈内使用甚广的词汇。

遗憾的是，当初启发迪克用这个术语的却是一段不幸历史中的一个相当悲惨的故事。1961 年，在达拉斯举办的第一届得克萨斯州相对论天体物理学研讨会上，与会者称，迪克在报告中多次将"因引力影响而完全坍缩的恒星"比作"加尔各答的黑洞"——印度加尔各答威廉堡地牢中的一间狭小牢房，其尺寸为 4.30 米 × 5.50 米（即 14 英尺 × 18 英尺，大约就是 3 张双人床的大小）。

修建威廉堡的目的是捍卫英属东印度公司在加尔各答的贸易活动。然而，该地区的领导人孟加拉纳瓦布 ① 西拉杰·乌德－达乌拉（Siraj ud-Daulah）下令停工。英国人没有听从命令，于是西拉杰·乌德－达乌拉的军队包围了这座城堡。守卫城堡的大多数英军奉命弃守并逃离，只剩下 146 名士兵负隅顽抗。1756 年 6 月，威廉堡陷落，活下来的英军士兵都被关到了"黑洞"里。这么多人挤在如此狭小的空间中，结果就是一夜过后，许多人因窒息和热衰竭而死。在"黑洞"里丧生的具体人数没有准确数字，但据历史学家估测，当时应该有 64 人囚禁在黑洞中，只有 21 人活过了第一晚。1901 年，为悼念"那些在威廉堡黑洞监狱中丧生的人们"，加尔各答的圣约翰教堂竖起了一座纪念碑。

正是这样一个历史事件——许多人挤在狭小的"黑洞"牢房中——让迪克病态地选用"黑洞"这个词汇来描述恒星因为引力坍

---

① 纳瓦布是印度莫卧儿帝国时期的一个头衔，相当于该地区的总督。——译者注

缩后所有物质挤作一团的物理现象。在迪克之后，他的同事丘宏义①也开始使用这个词汇。1964 年，在丘宏义的启发下，科学记者安·尤因（Ann Ewing）为期刊《科学通讯》（*Science News Letter*）撰写了《空间中的"黑洞"》一文，这也是该术语第一次出现在印刷出版物上。

不过，天文学界普遍认为，真正让"黑洞"一词从比喻变为科学术语并使之推广开来的是约翰·惠勒（John Wheeler）。②1968 年，惠勒在位于纽约的美国宇航局戈达德空间研究所发表演讲，介绍自己近来的研究对象："完全引力坍缩的物体"。当时，惠勒开玩笑地抱怨说，这个术语实在是太长了，用起来十分不方便。根据惠勒本人在自传中的说法，当时有个听众建议道："要不就叫黑洞怎么样？"惠勒觉得，这个词又简洁又有"宣传价值"，简直是完美，便全盘接纳，将之用在了他当年为《美国科学家》（*American Scientist*）杂志撰写的一篇文章中。很快，"黑洞"一词就进入了科学术语范畴：1969 年，德国天体物理学家彼得·卡夫卡（Peter Kafka）率先在科研论文中使用；1971 年，斯蒂芬·霍金等知名学者也保持队形，紧随其后。就这样，"黑洞"作为科学术语流传了下来，后来也成了我的一大烦恼。

---

① 丘宏义还根据"类恒星天体"（quasi-stellar object）这个词汇发明了"类星体"（quasar）一词。

② 霍伊尔的"大爆炸"比喻最后变成科学术语的过程也与之类似。

现代天文学倾向于将一切科学术语用英文首字母缩写来表示。就这点来说，我应该庆幸在 20 世纪 60 年代时，这还没有成为潮流，否则现在我很可能要告诉大家我研究的是"GCCOs"（Gravitationally Completely Collapsed Objects，就是惠勒当年在演讲中提到的"完全引力坍缩的物体"）。不过，若是我在 20 世纪 60 年代研究黑洞，并且拥有同惠勒一样的学界影响力，又会如何命名这种堪称奇观的天体呢？

老实说，我也不确定，但是如果可以选的话，我觉得约翰·米切尔的"暗星"才最对我的胃口。毕竟，这个名称肯定不会像"黑洞"一样导致如此多的歧义。① 或许，"山"反而能更好地描述黑洞的本质，因为，和大家想象的不同，"落入"黑洞的物质并不会简单地消失。实际上，它们会不断堆积——在某些情况下，堆积物质的质量可达到 1 万亿个太阳那么大，真可谓是"堆积如山"了。只不过，我们无法直接看到这种山，因为连光都无法逃出黑洞。我无意反驳塔米·泰蕾尔和马文·盖耶，但事实证明，的确有一些山高到可以阻隔你我。

---

① 不过，在读到第 7 章之前，你要始终记得：从**严格意义**上来说，黑洞其实也不是"暗"的。

第四章

为什么黑洞是"黑"的

要想知道为什么存在那些高到可以阻隔你我的山——从本质上说，这个问题其实就是问为什么黑洞是"黑"的——我们首先得认识光。实际上，人类认识光的历史本身就很有趣。最早，欧几里得和托勒密等哲学家认为我们的眼睛就能产生光，于是可以看见周围的世界。听到这种说法后，亚历山大里亚的希伦（Heron of Alexandria）立刻得出结论：如果这是真的，那么光速一定是无限大，而且光可以瞬时抵达任何地方，因为我们一睁开眼，就能看到极遥远处星星发出的光。如今，我们知道人眼不能产生光，只能用视杆细胞和视锥细胞"捕捉"光，所以我们明确知道欧几里得等哲学家的观点从一开始就是错误的。然而，这种错误观点直到 17 世纪都是科学界的主流，毕竟连天文学巨匠约翰内斯·开普勒（Johannes Kepler）和数学大师勒内·笛卡尔（René Descartes）都支持这种观点。

第一个真正尝试测量光速的人正是伽利略·伽利雷 ①（他在

①　与通常情况不同的是，这位科学大师为人熟知的不是他的姓，而是他的名，就和赫拉克勒斯（Hercules）、米开朗琪罗（Michelangelo）、麦当娜（Madonna）和碧昂丝（Beyoncé）一样。我个人倒是很喜欢这点，要是这几个人组个饭局，我会很想参加。

1638 年借助自制的望远镜观测到了木星的 4 颗卫星，于是声名鹊起），具体过程是这样的：两人分别站在相隔 1 英里的两个山头上，其中一人携带一盏带罩子的灯笼，实验开始后，一人揭开罩子并且记录下准确的时刻；另一个人则记录下自己看到这盏灯笼时的准确时刻。在伽利略的实验中，这两人记录的时刻是完全一样的，于是，当时的哲学家认为，这说明光速一定是无限的。然而，伽利略本人却指出，出现这个结果也可能是因为光速实在太快（但不是无限），1 英里的距离不足以产生时刻差异。现在我们知道，伽利略的观点才是正确的：光只需要 0.000005 秒就能传播 1 英里，而人类的平均反应时间——眼睛捕捉到光，发送信号给大脑，大脑作决定，并向肌肉传达指令——大约是 0.25 秒。[①] 说得更具体一点，光绕地球赤道一周也只需要大约 0.133 秒。因此，当时的科学家根本不可能在地球上测量得到光速，因为无论怎样，距离都远远不够。

测量光速失败后，伽利略只能放弃，将全部精力转向了另一个问题：导航。伽利略生活的时代正是人类第一次频繁开展环大西洋航行的时期，海洋上的导航知识，比如目的地在船只的哪个方向，相距多少，是否准确有时就是生与死的区别。

计算南北方向上的距离——即纬度——并不难。在赤道地区，正午时分，太阳直射头顶（至少春分、秋分时如此），但是越往北或

---

① 有很多在线网站都能测试反应速度。我测了 9 次（写这些文字时测的，所以导致拖了稿），平均下来大概是 0.263 秒。

越往南，太阳在天空中的最高点会越来越低。而且，太阳的最高点下降的角度就是你与赤道间的距离。只可惜，这个结论并不是一年四季都完全准确的，因为地球自转时本身就有 23° 的倾角（所以才有了季节变换）。因此，实际情况要复杂一些，但从本质上说，只要大致知道现在是什么季节，并且能够测量正午时分太阳的高度（这两个信息不难获得，也不难跟踪记录）就能计算出距离赤道多远。

可是，东西方向上的距离——即经度——要怎样计算呢？今天，我们在乘飞机旅行时，友善的机组人员通常会在着陆前告诉你当地时间以便你调整时差。而且，许多智能手机都能自动调整时区，这算得上是现代科技的魔法了。举个例子，如果你从伦敦飞往纽约，落地后就要把表往回拨 5 个小时，因为这种情况下，从经度上来说，你向西飞了大约 75°（绕地球一周是 360°，75° 大约是

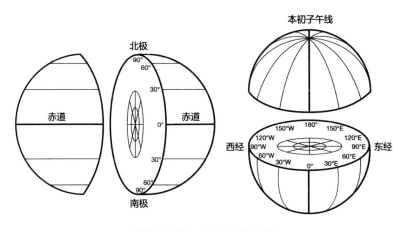

地球的纬度（左）和经度（右）

20%，相应的时差就是 24 小时的 20%，也即 4.8 小时）。因此，知道自己所在的"时区"是计算经度的关键。早在 17 世纪，各国政府、国王、女王就无比清楚这点。

问题在于，他们完全没办法同时掌握两个不同地点的时间。理想情况下，你可以在进行环大西洋航行时，把表上的时间设为里斯本时间，然后每天记录正午时分太阳的最高高度变化。通过这个方式，就能知晓所在地与出发地正午时分的时刻差异，从而知晓所在地的"时区"，进而清楚此时所在的经度。然而，精确的机械钟表要到 18 世纪才问世。17 世纪，人们主要通过日晷知晓时间，然而日晷只能通过太阳影子的变化显示当地时间，无法显示出发地的时间。另外，在海上航行的时候，受到颠簸的影响，日晷的精度会大大下降。为了解决这个问题，从英国政府到西班牙国王腓力三世，欧洲各国都设置了巨额奖金，期待有人能解决这个问题，想出一个能在海上知晓当地时间的方法。

正是伽利略以及他发现的 4 颗木星卫星（大家称其为"伽利略卫星"）为这个问题的解决带来了第一缕曙光。我们的月亮每 28 天就绕地球一圈，如钟表般精确。同样地，木星的卫星也以宇宙级时钟精度绕木星运动。在木星的所有卫星中，4 颗伽利略卫星是最大的，用一架简易现代双筒望远镜就能看到（需要大约 15 倍的放大倍率）。伽利略详细观测了这 4 颗卫星的运动，记录了每一颗卫星绕木星一周所用的时间。观察木星卫星运动时，有两个有助于判断的时间点：每颗卫星消失在木星后面时的时间；它们在木星的另一侧再度现身时的时间。其实，这就是我们的视角下，木星遮挡其卫星的过程，就和日食、月食一样，不妨称其为"木星卫星食"。这个过程高度可预测，非常精准。木星最内侧的卫星"艾奥"（木卫一）每48小时（也就是短短两个地球日）就绕木星一周。于是，哪怕我们身在巴黎，也可以绘制出一张表格，将木星遮挡艾奥的整个过程同具体时间对应起来，以便后续查询。当然，表格中的项目越多、越详细，能查到的时间也就越精确。

伽利略的想法是，无论你在海上何处，只要能观测到木星卫星食并记录下时间，就能拿它同预先在巴黎时区绘制的木星卫星食表作对比，通过其中的差异就能知晓所在地的经度（巴黎的经度已知）。1616年前后，伽利略将这个方案呈给了西班牙国王，完全可以想象当时引起的轰动。然而，这个方案仍存在两个问题。第一，伽利略的预测还不够精确。就算对艾奥绕木星一周的时间的估测误差只有几分钟，但这种误差只需要累积几星期，就会大到离谱的程度，而跨越大西洋需要几个月。第二，伽利略毕竟是个科学家，不是水手，他不会想到在波涛汹涌的大西洋上用望远镜持续观测木星及其卫星有多么困难。于是，西班牙国王自然也没有把奖金给伽利略。

不过，虽然人们很快就意识到伽利略的方案并不适合应用在航海中，但它仍然可以在陆地上发挥作用。毕竟，当时的地图绘制员也总在嚷嚷着寻求更精准的确定经度的方法。对他们来说，只需要更精确地预测木星遮挡其卫星的时间就可以了。1676 年，奥勒·罗默（Ole Rømer）和乔瓦尼·卡西尼（Giovanni Cassini）横空出世，扭转了局面。罗默是丹麦天文学家①，当时在巴黎天文台担任卡西尼的助手。他俩一道收集、整理了伽利略观测木星卫星食的数据，并且以极高的精确度计算出了两次木星卫星食之间的时间间隔，问题在于这个间隔每个月都会变化。罗默和卡西尼注意到，在地球绕太阳公转的过程中，向着木星运动时，两次木星卫星食之间的时间间隔就会越来越短；远离木星运动时，间隔就会越来越长。

对此，卡西尼给出的解释是，地球在远离木星时，木星遮挡卫星时发出的光需要传播更远的距离才能到达地球。这就意味着，光速是有限的。1676 年，卡西尼向科学界公布了这个解释，但他本人对此也相当怀疑，随后也不断提出其他可能。而罗默则坚定地支持这个观点并且开始着手证明，具体方式则是基于地球与木星的相对位置预测艾奥被木星掩食的时间。罗默把重点放在了天体位置的几何关系上（而非真的测量光速），并且计算出，两次木星卫星食之间的时间间隔会随木星与地球之间的角度变化而延长。当地球与木星距离最远时（呈 180° 角），时间间隔达到最大，比无延长情况多 22 分钟；之后，随着两颗行星逐渐靠近，角度逐渐变小，延长情况

---

① 关于罗默还有一个趣味知识：他发明了我们所知的现代温度计，即以水的冰点和沸点为基础制造的温度计。

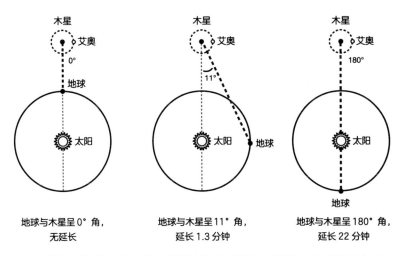

木星遮挡艾奥的时间会随木星与地球的相对位置变化而延长。如果你知道木星与地球之间相对位置的角度，就能根据光要多走的那些距离计算出具体延长多久。

又会逐渐缓解，直至回归正常。

罗默花了整整 8 年细致观测木星卫星食时间间隔的延长情况。他的努力得到了回报：人们终于可以准确预测木星卫星食的时间了，从而精确计算出经度。而这正是罗默关心的，他可不在乎什么测量光速。不过，罗默也认为这个观测结果能够证明光速并非无限，只是他从来没有借此计算光速的具体数值。于是，我们就要说起荷兰天文学家克里斯蒂安·惠更斯（Christiaan Huygens）了。他充分利用罗默的观测数据，并且用在了他 1690 年出版的著作《光论》（*Treatise on Light*）中。在这本书中，惠更斯从木星卫星食时间间隔最多能延长 22 分钟这个事实出发，得到推论：光需要 22 分钟才能传播相当于地球公转轨道直径的距离。同时，他还称这代表了"光速的极限"。

当时，大家还不知道地球公转轨道直径的绝对值，只测量了它与地球直径的相对值。惠更斯据此得出结论，光速是每秒 $16\frac{2}{3}$ 地球直径（或者说声速的 60 万倍），换算下来就是 212,000,000 米/秒。这个结果比真实的光速慢了一点，原因在于当时测得的地球公转轨道与地球直径的相对值并不精确。现代光速测量值是 299,792,458 米/秒[①]，所以，惠更斯结果的误差大约是30%，总体上也还算正确。这一成就堪称科学史上的一座里程碑，它标志着人类第一次较为准确地测量得到了某个普适常数的值——所谓普适常数，就是指无论在宇宙哪个角落都不会影响其数值的数。

当然，如此种种，惠更斯当时并不知道，在他之后两个世纪里不断提高光速测量精度的众多科学家也同样不知道。直到 20 世纪初，我们的老朋友阿尔伯特·爱因斯坦才揭晓了为什么光速具有普适性并且也是宇宙中所有事物的速度上限。这一切都浓缩在爱因斯坦最出名的方程 $E=mc^2$ 中。如果你还记得我们前面讲过的内容，就会知道这个方程意味着能量和质量是**等价**的——它们是同一种东西。不过，这个方程其实是个缩略版，仅适用于物体静止时的情

---

① 实际上，现在，这就是光速的定义——我们不再测量它了。光速本身是个普适常数，但在我们用来描述光速的单位米/秒中，米是人为构建的，其长度其实完全是随意选择的。这就是为什么我们不再测量光速，而是直接把它定义成 299,792,458 米/秒，并且以越来越高的精确度测量米的长度。

况。如果目标在运动，那么适用的完整方程应该是：

$$E^2=m^2c^4+pc^2$$

公式中的 p 代表动量。从本质上说，动量衡量的是多大质量的物体处于多快速度的运动中。物体具有的动量越大，就越难停止运动。对于日常生活中常见的寻常物体，动量等于该物体质量与速度的乘积，即 $p=mv$。需要注意的是，这里的速度还包含了运动方向。因此，一般来说，要想提升动量（进而提升总能量），就需要加快速度。这对于地球上的速度情况来说没有什么问题：物体得到能量后，速度也随之成比例线性增加。

但是上面提到的完整版爱因斯坦质能方程处理的是"相对论速度"，也即接近光速的速度。当速度快到这种程度后，你对时间和空间的感知就会开始变得奇怪。同样，处于这种运动速度下的物体动量也会变得比日常情况复杂得多。具体来说就是，当物体运动速度接近光速时，动量不再成比例线性增长，而是指数式增长。当物体运动速度达到光速的 99.99% 时，它的动量会比按缩量版公式计算出的结果大 70 倍。当物体运动达到光速时，它的动量会上升到无限大。[1]

---

[1] 当物体以相对论速度运动时，动量的计算公式也不再是 $p=mv$ 了，而是变成 $p = \dfrac{mv}{\sqrt{1-\dfrac{v^2}{c^2}}}$。在日常速度下，公式中的 v^2/c^2 非常小，于是，分子几乎就是 1，这个公式就变成了常见的 $p=mv$。然而，当物体运动速度接近光速时，分子就会变得非常非常小，远小于 1，动量就会大大增加。当 $v=c$ 时，分子就变成了 0，动量随之变为无穷大。

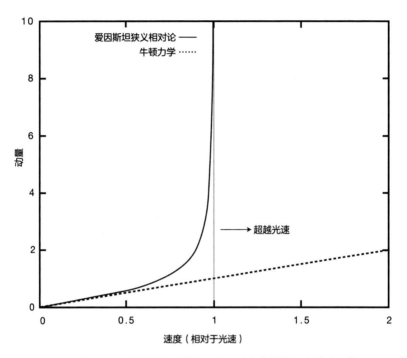

爱因斯坦狭义相对论与牛顿力学（描述日常生活中的物体）中的动量差异。这张表告诉你，物体运动速度永远不可能大于光速，因为当达到光速时，动量和能量就会上升到无限大。

　　当物体运动接近光速时，不仅动量会如此变化，其他所有物理量都会如此变化，比如动能（物体运动时具备的能量）。而质能公式 $E=mc^2$ 告诉我们，能量和质量在本质上是同一种东西。因此，当物体运动速度不断接近光速，能量逐渐飙升到无穷大时，质量也是如此。换句话说，你运动得越快，就会变得越重。另一方面，再也没有比无穷大更大的数了。于是，当你的运动速度达到光速时，再想通过增加能量的方式提升速度，就不可能实现了。这么做就只会增加能量和质量，速度不会再变快。这就是为什么没有什么东西可以快过光速，也是为什么 299,792,458 米 / 秒是全宇宙的终极速度上限。

而这就是黑洞存在的根本原因，也是黑洞"黑"的原因。如果光速是无限的，那么我们就能看到黑洞长什么样，看到物质是怎么压缩、收纳到黑洞里的。但事实是，光速是有限的，并且小于黑洞的逃逸速度，于是，光就无法逃出黑洞的引力束缚，我们也就看不到黑洞的样子了。宇宙中的一切有质量物体都具有逃逸速度——逃出该物体引力束缚需要达到的速度。地球也有逃逸速度，而且很遗憾，这个速度比我们跳跃或是扔球可以达到的速度大得多，所以才有了那句古老的格言：**所有上升的东西总会下落**。正是因为这点，火箭才需要燃烧大量燃料加速到足以彻底挣脱地球引力的束缚，只有这样，火箭才能离开地球，奔赴更广阔的太阳系疆域。逃逸速度取决于两个因素：一是该物体的质量，二是你与该物体中心之间的距离。据此计算，地球表面的逃逸速度大约是 11.2 千米 / 秒（声速的 33 倍），而月球表面的逃逸速度就要小得多了，大约是 2.4 千米 / 秒。

至于黑洞，宇宙中没有任何事物可以快过它的逃逸速度，连光都不行。这意味着，我们永远看不到黑洞真正的样子，只能观测到其极端引力效应对附近物体的影响。不过，只要光距离黑洞不是太近，那么它就不至于被黑洞束缚，但是光在空间中的传播路径会受到极大弯曲，就像爱丁顿观测到的遥远恒星发出的星光在日食期间发生弯折一样。

这种情况下，你就不能相信眼睛看到的景象了，因为黑洞的存在会干扰光。2021年，天文学家甚至探测到了黑洞**背后**的光。想象一下，我带着这本书登上宇宙飞船，去往月球背面并且藏起来，藏到一个我看不到地球，地球上的你也看不到我的地方。此时，我把书翻到这一页，拿出手电筒照明。再想象月亮的质量很大，大到这本书反射出来的光以曲线的形态绕月亮传播。最终，身在地球的你竟然可以探测到这些光并且看清这一页上的文字。而这就是黑洞的"魔法"：操纵光，从而让你一窥原本无法看到的景象。

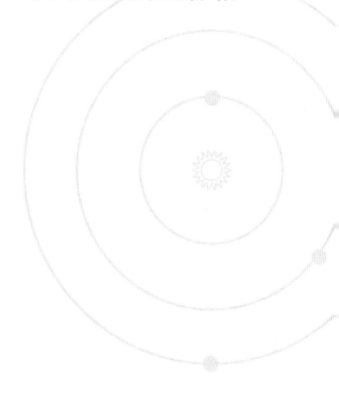

第五章

一勺中子就能让恒星坍塌！

那么，黑洞要怎么"制作"呢？从理论上说，配方很简单，但实际操作起来却非常困难。说起来很容易，只要把足够多的物质塞到足够小的空间里，然后充分挤压，就成了！黑洞诞生了。然而，我想说的是，虽然我不敢确定每个人是不是都这样，但我的细胳膊太过孱弱，肯定干不了这活儿，而且我觉得你应该也办不到。我敢肯定，即便是玛丽·贝利（Marry Berry）这样熟谙各种食谱的美食家，也同样为难。

对我们来说幸运的是①，广袤的宇宙中有一些物理过程可以相对轻松地按照这张配方制造黑洞，这也多亏了引力。引力有时候很恼人，毕竟正是它将我们牢牢地束缚在地球上，但其实，我们的存在本身都要感谢引力。从本质上说，引力就是一种把物体聚在一起的倾向，无论这些物体是两个微小的基本粒子，还是两块巨大的岩石。在宇宙诞生之初，引力占据主导地位。因为引力，第一种精细结构才得以从微小的氢原子中诞生。也正是引力，让银河系边缘的一团不规则的气体变成了太阳系，从而有了我们的地球及其他太阳系天体。

——————————

① 我敢肯定，有不少读者会对此处"幸运"一词的使用提出异议。

宇宙诞生伊始，空间、时间和日后构成各种物质的基础——质子、中子和电子——都开始形成。最后，当宇宙从炽热的致密状态冷却到足够低的温度后，这些建造基础就聚在一起构成了原子，而且其中大部分是氢原子。当时，这大概就是宇宙的全部组成了——这也是为什么我们往往称早期宇宙为"一锅氢原子汤"，因为再也没有什么比喻能比"汤"更好地描述那种全是氢原子的单调均一状态。不过，这里还有一个关键点：从技术角度上说，早期宇宙也不是**那么**均一。在宇宙诞生之初的几分之一秒内，微小的随机量子涨落让宇宙的某些部分稍稍稠密，某些部分稍稍稀薄。后来，随着宇宙的膨胀，这些微小的量子涨落像池塘里的涟漪一样不断扩大，这就导致某些地方会形成更多氢原子。

这些本来就有较多的氢原子因而也更稠密的区域慢慢开始聚在一起，从而吸引了更多的氢原子。就这样经过几亿、几十亿年的缓慢聚集过程，足够多的氢汇聚到了一起，最后变得足够炽热、足够稠密，进而推动氢原子聚变成氦原子，直至第一批恒星诞生。如果我们把黑洞比作一道美食，把制造黑洞的方法比作一张食谱，那么此时的宇宙已经具备所需的全部食材，量子涨落和引力负责搅拌，最后由第一批恒星负责烹饪。等到这些恒星耗尽了燃料，就出现了超新星爆发事件，把恒星生产的各种重元素——比如碳、氮、氧和铁——抛洒到宇宙中，以天文学家所说的"**尘埃**"的形式"污染"原初氢气。之后，引力又会循环使用这些尘埃气体，利用它们制造下一代恒星，进入下一个聚集、聚变、超新星爆发的循环。

最终，在宇宙的某一片区域内前前后后出现了几代恒星，产生的尘埃数量足以在引力作用下聚集起来，形成固态天体。它们有点像是新生恒星周围的块状小行星。如果这团物质质量足够大，也即引力效应足够强，那么这些大大小小的石块还会继续合并，形成行星、卫星乃至整个恒星系统，比如我们的太阳系。不过，遗憾的是，我们的太阳系并不会继续演化出黑洞。太阳耗尽燃料后，会留下一个氦、碳、氧元素混杂的核心，它会像即将熄灭的火焰余烬发出光芒。我们称之为白矮星。

那么，是什么导致白矮星无法继续坍缩成黑洞呢？更准确地说，是什么阻碍了恒星在超新星爆发阶段坍缩成黑洞呢？没有燃料继续聚变，还有什么能抵挡引力无尽的拉扯，抵挡这种无时无刻不在向内挤压的强大效应，从而把宇宙塑造成我们现在看到的这个样子？要想说清楚为什么不是所有恒星都会变成黑洞，我们必须再一次进入微观世界，探究由质子、中子和电子构成的原子的性质。

自人类学会提问开始，"构成宇宙的基础到底是什么"就成了时刻萦绕在我们心头的永恒之问。现在的基本观点——万事万物都由看不见的微小粒子构成——其实古已有之，从古印度到古希腊的诸多古代文明，都曾提出过类似的观点。古代先哲把这些粒子称为"原子"（atoms），这个词来源于希腊语中的"*atomos*"，意为"不可切分"，也就是说，古人认为这些粒子是构成所有物质的基础，且不可再分。原子之内别无他物。

原子不可再分的观点自问世以来，始终占据着宗教思想和科学思想的主流，直到19世纪末，一项令人震惊的发现动摇了这种信仰。1897年，英国物理学家约瑟夫·约翰（"J. J."）·汤姆逊（Joseph John Thomson）在剑桥大学卡文迪许实验室用"阴极射线"开展实验。把一根带负电的金属棒和一根带正电的金属棒放在真空容器（抽光所有空气分子）中，就能产生阴极射线。通常这项实验是在玻璃管中操作，假如玻璃管中剩下了一点空气，你就可以看到阴极射线从带负电金属棒传播到带正电金属棒时发出微弱的光芒。我们将整个装置称为"阴极射线管"，它看上去有点像现代霓虹灯，20世纪的那种老式电视机背面使用的就是阴极射线管。

说回汤姆逊，他当时研究的问题是：阴极射线是由什么组成的。一定是有什么东西撞击了玻璃管内的分子，才会导致阴极射线发出微弱的光。问题在于，这种东西到底是什么？汤姆逊决定，先不管阴极射线的具体成分，测量出它们的质量再说。结果，他震惊地发现，氢原子的质量——当时已知最轻的、"不可再分"的原子——比阴极射线中单个粒子的质量大了1000多倍。此外，他还发现，用来产生阴极射线的金属棒无论是用何种金属制成，构成阴极射线的粒子质量都没有变化。这意味着，无论阴极射线是何种原子产生的，其粒子质量都保持一致。汤姆逊总结说，唯一可能的原因是：阴极射线由一种极其微小且带负电的粒子构成（因为阴极射线从带负电的金属棒传导到带正电的金属棒），这种位于所有原子内部的粒子才是构成宇宙万物的基础。这就是"**亚原子粒子**"。就这样，原子被"再分"了。

如今我们知道，汤姆逊发现的是电子（不过，汤姆逊当时给这种粒子起的名字是"微粒"——我个人认为，幸好这个名字没有沿用到现在）。此外，他也以此为基础重新定义了原子。[①] 自此，人们知道原子并非不可再分，而是由像电子这样更小的粒子构成。不过，除了电子，还有没有别的亚原子粒子？汤姆逊推论，既然原子整体呈电中性，那么构成它的除了带负电的电子，一定还有某种带正电的微粒。1904 年，他提出了我们现在熟知的"葡萄干布丁"原子模型：一个带正电的物质球体内散布着带负电的电子，就像葡萄干布丁里撒满的葡萄干。

葡萄干布丁模型虽然听上去很是美味，却并没有经住时间的考验，只流行了不到十年就被另一个模型取代。而提出后者的，正是汤姆逊的门徒、新西兰物理学家欧内斯特·卢瑟福（Ernest Rutherford）[②]。卢瑟福发现了与葡萄干布丁模型冲突的有力证据。

[①] 在剑桥大学卡文迪许实验室旧址（汤姆逊发现电子的地方）外面，有一块牌匾专门为纪念汤姆逊这项重大发现，就在市中心的自由学校巷里。自由学校巷是一条不太起眼但非常经典的大学城道路，很值得一游。

[②] 说一件有意思的事：卢瑟福的女儿艾琳·玛丽·卢瑟福（Eileen Mary Rutherford）嫁给了物理学家拉尔夫·富勒（Ralph Fowler）。富勒发现，气体的离子化与恒星星光光谱中的吸收线相关。我们在这章的后续部分会见到他。

1897 年，汤姆逊发现电子的时候，卢瑟福就已经在卡文迪许实验室同他一道研究了。只不过，卢瑟福当时的主要精力都放在亨利·贝克勒耳（Henri Becquerel）在 1895 年发现的铀元素的奇怪性质上。同玛丽·居里一样，卢瑟福对此也展开了深入研究。正是他意识到每种放射性物质衰变成原来一半所需的时间总是相同的，并且为放射性元素拟定了"半衰期"这个术语。于是，地质学家才拥有了一件可以计算地球年龄的有力工具。

1907 年，卢瑟福转到曼彻斯特大学继续研究放射性元素衰变时会释放出何种物质。在此之前，他已经认证了 3 种不同类型的辐射，并把它们分别命名为 α 辐射、β 辐射和 γ 辐射（γ 射线这个名字就是从这儿来的）。此外，卢瑟福还证明，当某种原子发生衰变时，会自发变成另一种原子（另一种元素）。他也因此获得 1908 年诺贝尔物理学奖。获得这项科学界的最高奖项之后，卢瑟福并没有停止在科研之路上前行的脚步，他继续研究 α 辐射的性质，而这才是他最为知名的研究工作。

卢瑟福同德国物理学家汉斯·盖革（Hans Geiger，为放射性粒子计数的盖革计数器就是他发明的）一道研究，最终证明了 α 辐射是由一种核电荷数相当于两个氢原子的粒子构成。接着，卢瑟福又同英国物理学家托马斯·罗伊兹（Thomas Royds，出生在奥尔德姆，在曼彻斯特大学求学、做研究）合作，证明了可以用构成 α 辐射的粒子（α 粒子）生成氦原子。我们现在知道，α 粒子其实就是剥离了电子的氦原子，因而带正电。为了准确研究α粒子的性质，卢瑟福便想测算其电荷与质量的比值（汤姆逊正是通过计算这种"质荷比"发现了电子的性质）。为此，卢瑟福就得让α粒子在磁场中运动，并测量偏折程度（磁场会使带电粒子的运动路径发生偏折，粒子携带电荷越多，偏折程度就越大；粒子质量越重，偏折程度就越小）。问题在于，α粒子总是撞击挡在路上的空气分子，就像台球开球那一杆把原本码得整整齐齐的台球打得到处乱跑一样，这使得测量结果很不可信。

汤姆逊在测量电子质荷比时也遇到了这个问题，他的解决方式是把整个实验放到一个完全真空的容器中（也就是把挡在路上的恼人的空气分子抽掉）。卢瑟福本以为他不必这么做，因为α粒子要比电子重得多（大约是电子的4000倍），而且，按照汤姆逊的葡萄干布丁模型，空气分子中的正电荷均匀分布在整个原子球上，不够集中，因而不足以令那么重的α粒子发生偏折。

卢瑟福决定要非常小心细致地研究这个散射过程。这一次帮助他的又是汉斯·盖革，此外还有英国 - 新西兰物理学家恩斯特·马斯登（Ernst Marsden）①。他们合作在真空容器中朝着薄薄的金箔发射α粒子，而且记录它们最后的去向。结果显示，绝大部分α粒子毫无阻碍地径直穿过了金箔，只有一小部分散射了出去。其中的大

---

① 马斯登出生在英国，但大部分时间生活在新西兰。卢瑟福则恰恰相反，出生在新西兰，但大部分时间在英国生活。

部分散射角度很小，但又有一小部分散射角度极大，有些甚至完全转向，朝着发射源方向反弹回来。

以这个新实验结果为基础，卢瑟福在1911年总结道，对于这种现象，唯一的解释是：原子中的正电荷集中在正中心的微小区域，而质量低得多的电子围绕着原子核运动。在他的模型中，原子99%的空间是空的，所以大部分α粒子才能直接穿过金原子构成的金箔。此后，卢瑟福继续深入研究原子，并在1920年发现，氢原子——最轻的原子——一定有一个由其他亚原子粒子构成的核心。他把这种亚原子粒子命名为"质子"。

原子结构的范式转变——从不可再分到由诸多更为基本的亚原子粒子构成，而这些粒子像太阳系那样排布（所以，卢瑟福的模型又叫作"行星模型"）——推动了人类认知史上的一大跃迁，即从理解元素周期表以及日常反应背后的化学过程，到创造整个量子力学领域。

正是在理解元素周期表结构的过程中，丹麦物理学家尼尔斯·玻尔（Niels Bohr，又一位诺贝尔物理学奖得主）提出了他的原子模型：电子的轨道限定在原子核周围的各层"壳层"上。当这些所谓的"电子层"填充了足够数量的电子（有时是2个，有时是8个，具体取决于电子层的位置）时，原子就处于相对稳定的状态。这个模型的发现要归功于化学实验，而非理论手段——当时的化学家们发现，电子数为偶数的元素要比电子数为奇数的元素更稳定。

奥地利物理学家沃尔夫冈·泡利（Wolfgang Pauli）给出了这一现象的理论解释，他着手研究的问题是：同样是电子轨道，容纳2个电子或8个电子的为什么如此稳定，它有什么特别之处？泡利是量子力学的先驱之一。他的父亲是一名化学家，姐姐是作家兼演员，教父是大名鼎鼎、独一无二的恩斯特·马赫（Ernst Mach，涉及超音速运动时的测量单位马赫就是以他的姓氏命名的）。生活在如此优秀的人才之中，我完全可以想象泡利给自己施加的必须变得同样优秀的心理压力。后来，他的确成功了。如果你现在还不知道泡利有多么成功，我提一点就能让你充分体会：在诺贝尔物理学奖评奖中是爱因斯坦提名了泡利，而他当之无愧地获此殊荣。①

1925 年，泡利深入研究了量子力学描述电子的方式，并意识到，元素周期表中所有元素的"状态"都可以用电子的 4 种量子属性来阐释，它们分别是：能量、角动量、磁矩和自旋。此外，泡利还发现了一条基本原理：原子中没有任何两个电子的上述 4 种属性完全相同。这就是著名的"泡利不相容原理"。所谓"没有任何两个电子的 4 种量子属性完全相同"，本质上就是指原子中没有任何

① 著名的"泡利效应"主人公也是他。据说，当泡利在场时，总有技术设备会坏掉。后来，人们把当某人在场总会坏事的这种现象称为"泡利效应"。由此衍生出了许多趣闻，不少同辈的物理学家曾抱怨说，"只要有泡利在场，实验总是失败"。据称，德裔美籍物理学家奥托·斯特恩（Otto Stern）甚至干脆禁止好友泡利进入他的实验室。我当初在博尔顿文理学校女生部上学时，在一次化学课上打碎了沸腾管和烧杯，或许当时我应该用泡利效应向化学老师解释这件事。

两个电子处于相同的量子状态。这就是为什么元素周期表中的所有元素都独一无二、各不相同：每种元素原子中的电子排布都拥有由量子力学决定的独特位形，是其他任何元素都无法复制的。泡利意识到，正是这条简洁的原理解释了所有原子的结构，以及为什么有些元素的原子比其他元素更稳定。因此，物理学家总会喜欢开玩笑说，整个化学领域只用 1 页量子力学就能解释。当然，全世界的化学家都难免因此而倍感沮丧。

在天体物理学领域中，泡利不相容原理意味着，如果引力持续挤压大量电子，等到电子没有更低能量的电子态（因为已经有其他电子先占据了这种低能量态，而泡利不相容原理意味着没有任何两个电子量子态完全相同）可去后，它们就会"抗拒"引力挤压。这种阻力就是"电子简并压力"。1926 年，英国天文学家拉尔夫·福勒① 正是利用这项量子力学新发现解决了白矮星密度这个困扰天文学家几十年的问题。他意识到，如果引力导致恒星中的物质坍缩到电子开始产生简并压力对抗引力的程度，便可以解释为什么白矮星的密度那么大——大概是 10 亿千克 / 立方米（对比一下，水的密度是 1000 千克 / 立方米）。不过，与很多科学问题一样，这个问题的

① 还记得娶了艾琳·卢瑟福的那个福勒吗？别把他和撰写著名的 B^2FH 论文的那个威廉·福勒搞混了（参见 P54）。同活跃在 20 世纪初的许多物理学家一样，拉尔夫·福勒也参加了第一次世界大战。他在英国皇家海军炮兵部队服役，在加里波利战役中伤到了肩膀。此后，他充分利用自己卓越的物理学才能研究了防空炸弹自旋飞行时的空气动力学情况。

解决引发了更多问题。其中一个问题是：如果向外的电子简并压力都无法对抗向内的引力压力，那会发生什么呢？简言之：白矮星的质量上限是多少？

　　解决这个问题的是印度天体物理学家苏布拉马尼扬·钱德拉塞卡（Subrahmanyan Chandrasekhar）。这又是一位科学巨匠，他 19 岁在马德拉斯大学读本科期间就发表了他的第一篇科研论文。钱德拉塞卡把这篇论文呈给了剑桥大学三一学院的拉尔夫·福勒。福勒读完论文便立刻邀请钱德拉塞卡去剑桥大学读博士（多亏了印度政府提供的奖学金，钱德拉塞卡才得以顺利去英国深造）。在此之前，福勒已经开始尝试计算白矮星的质量上限，然而钱德拉塞卡在从印度去往英国的途中就意识到需要用爱因斯坦的狭义相对论对福勒的工作做一些修正——当电子拥有太高能量后，它们的质量就会开始增加。福勒的这位新博士生一来就解决了他研究多年的问题，我完全可以想象福勒当时的反应。在攻读博士期间，钱德拉塞卡勤勉、细致地修正了他的理论，最终给出了白矮星的质量上限（也就是我们今天熟知的"钱德拉塞卡极限"）：1.44 倍太阳质量。①

　　然而，当时的天文学界并没有热情地接纳钱德拉塞卡极限，原因在于它背后的推论。阿瑟·爱丁顿对此尤其直言不讳（当时，他

---

① 1931 年，钱德拉塞卡发表了第一篇有关白矮星质量上限的论文。他当时错误地把结果计算成了 0.910 倍太阳质量。这个故事事很好地提醒着我们："如果我们一开始没有成功，那么没关系，请继续尝试。"

可是物理学界的大人物，毕竟，他在没有任何实证之前就推论，恒星的能源只可能来自核聚变反应）。1933 年，年仅 23 岁的钱德拉塞卡博士毕业，随即便当选为三一学院的新院士。当时，爱丁顿也在剑桥大学，51 岁的他已经是享誉国际物理学界的知名教授了。爱丁顿凭借自己的影响力说服同行，让他们相信，白矮星质量存在上限的想法十分荒谬。1935 年，爱丁顿甚至在英国皇家天文学会的一次会议上紧接着钱德拉塞卡发言，直截了当地称钱德拉塞卡的理论并不完备，因为他使用了两个毫不相干的物理学分支：相对论和量子力学（泡利本人反对爱丁顿的这个观点）。① 爱丁顿本人认为，白矮星就是恒星演化的最后一个阶段。他声称，他们并不需要什么量子相对论，因为数学会站出来支持自己的理论。爱丁顿还在这次会议上发表了一个著名观点："我认为，一定有什么自然定律阻止恒星以如此荒谬的方式演化！"

相比初出茅庐的钱德拉塞卡，德高望重的学术前辈爱丁顿的观点自然会得到更多科研同行的重视和支持。于是，钱德拉塞卡又继续奋斗，等待了 20 多年才终于等到了自己的理论被接纳的那天。最终，他和福勒分享了 1983 年的诺贝尔物理学奖（圆满的结局，我实

① 从学术角度上说，爱丁顿反对钱德拉塞卡的方式很野蛮。阅读那次英国皇家天文学会相关记载就像看肥皂剧。现在有很多人质疑爱丁顿当时的莽撞背后是否有种族方面的原因，但爱丁顿和爱德华·阿瑟·米尔恩（Edward Arthur Milne，研究恒星大气温度如何变化的天文学家）、詹姆斯·金斯（James Jeans，现代宇宙学的奠基人之一）等中青年学者也有类似的科研观点冲突。

在是喜欢这样的结局）。那么，除了可能担心自己的恒星坍缩理论被推翻，究竟还有什么因素让爱丁顿如此惶恐？爱丁顿之所以认为"白矮星质量存在上限，一旦突破这个上限就无法抵御引力坍缩"的观点十分荒谬，是因为他完全无法想象，这如果真的发生了，宇宙中会出现什么现象。

1932 年，詹姆斯·查德威克（James Chadwick，他也是在剑桥大学卡文迪许实验室工作①）发现了中子，让爱丁顿的担忧缓解了几年。查德威克的这个发现也让三大物质基本组件（电子、质子和中子）全部浮出水面。仅仅一年后的 1933 年，德国天文学家沃尔特·巴德（Walter Baade）和瑞士天文学家弗里茨·兹维基（Fritz Zwicky）就据此提出，可能存在完全由中子构成的天体，也即中子星。而中子星就是白矮星演化的下一个阶段。当白矮星质量大到突破上限之后，它就会在引力效应下坍缩，形成中子星。

不过，巴德和兹维基当时研究的问题与中子星本身无关，他们想知道，恒星在超新星爆发后会剩下什么。恒星耗尽燃料，相对平静地死亡后会演变成白矮星，这个过程物理学家已经清楚，但猛烈的超新星爆发还需要进一步解释。而中子星正是巴德和兹维基提出的解释。支撑中子星抵御引力坍缩的是中子简并压力——同电子简并压力支撑白矮星类似，按照泡利不相容原理，也没有任何中子会占据完全相同

---

① 说真的，还有什么是这所实验室的人**没有**发现的？

的量子态，由此产生的中子简并压力就可以支撑中子星。

　　不过，与白矮星质量上限面临的问题一样，中子星概念问世后，物理学家也必然会发问：中子星的质量是否存在上限？质量大到连中子简并压力都无法抵御向内的引力坍缩效应？（这同样是爱丁顿觉得荒谬的观点。）解决这个问题的是美国加州大学伯克利分校物理学家罗伯特·奥本海默（Robert Oppenheimer）[1]和他当时的博士生乔治·沃尔科夫（George Volkoff）。1939年，他俩以理查德·托尔曼（Richard Tolman）之前的工作为基础，率先估算出了中子星质量上限，现在称为托尔曼–奥本海默–沃尔科夫极限（钱德拉塞卡极限的姊妹版）。他们提出，一旦超过了这个上限，任何已知的物理学定律都不能阻止天体坍缩成一个密度无限大且体积无限小的点。

　　饶是如此，以爱丁顿为代表的许许多多物理学家仍然不接受"完全引力坍缩天体"（也即黑洞）的概念。他们认为，这完全不符合物理现实。首先，中子星当时毕竟还只是理论产物，还没有被真正发现。其次，他们认为，所谓"密度无限大且体积无限小的点"（也就是黑洞的概念）只是数学推导出来的理论玩物。可以想见，

[1]　奥本海默因为在第二次世界大战期间领导曼哈顿计划而颇受了些骂名。他也是少数几位在1945年观看了"三位一体试验"（引爆第一颗原子弹的试验）的人之一。但是，我还是要说，核物理和中子方面的知识应用众多，制造致命武器只是其中一项。

如果当年爱丁顿能虚心接受钱德拉塞卡的观点和泡利不相容原理的应用，那么他在这一章节中扮演的角色一定是迥然不同的。或许，他甚至会成为率先预言黑洞存在的物理学家，就像他当年预言太阳产能机制必是核聚变那样。可惜，事实并非如此。是在爱丁顿逝世后以及 20 世纪后半叶无数发现和观测结果的有力支持下，天文学界才勉强接受了黑洞的存在。

1967 年，剑桥大学穆拉德射电天文台博士生约瑟琳·贝尔（Jocelyn Bell）[①] 发现了第一个关键证据。当时，她同马丁·休伊什（Martin Hewish）一道工作，发现了一个周期为 $1\frac{1}{3}$ 秒的无法解释的射电脉冲信号。[②] 第二年，他们又在我们的老朋友蟹状星云（中国

---

① 2007 年，约瑟琳·贝尔因其卓越贡献晋封为爵士，成为约瑟琳·贝尔·伯奈尔女爵士（Dame Jocelyn Bell Burnell）。2018 年，她荣获基础物理学特别突破奖和高达 300 万美元的奖金。贝尔把全部奖金拿了出来用以奖励、资助"有志成为物理学研究人员的女性、少数族裔以及身份为难民的学生"。我想，这个举动就足以说明贝尔是怎样的好人。我到牛津大学读博士的第一天，大家就告诉我，如果我有什么不能同导师或同事说的担忧或顾虑，就去找贝尔，她是天体物理学系的"监察专员"，她办公室的门永远敞开，欢迎所有学生同她友好对话。你完全能感受到贝尔的真诚，对你的关心与呵护。

② 1974 年，马丁·休伊什凭此发现同射电天文学先驱马丁·赖尔（Martin Ryle）分享了当年的诺贝尔物理学奖。而在发现中子星过程中作出巨大贡献的约瑟琳·贝尔却被排除在获奖名单之外，这引发了极大的争议，尤其是考虑到诺贝尔物理学奖最多可以颁给三人，最终却仅有休伊什和赖尔获此殊荣。然而，贝尔本人却在 1977 年大度地表示："我认为，诺贝尔奖若是颁给研究生则是对这个奖项的贬低，除非是极其特殊的情况，而我不觉得自己是其中之一。"这一点，我不能赞同。无论是现在回看，还是科学史的评价，都证明她的发现当真算得上是极其特殊的情况。

天文学家在公元 1054 年记录到的超新星爆发留下的遗迹）的核心区域发现了相同周期的射电脉冲信号。截至 1970 年，共计发现了 50 个射电脉冲源，学界普遍认为它们就是自转的中子星。这种"脉冲星"[①] 就是认识恒星死亡方式缺失的那块拼图。遗憾的是，爱丁顿没有活到见证发现中子星的那天。1944 年他因为癌症去世，享年 61 岁。[②] 不过，天文从业人员都知道这项发现意味着什么：如果中子星是真实存在的，那么黑洞可能也不像起初想象的那样**不合自然规律**。1969 年，也就是与贝尔、休伊什发现中子星差不多同一时间，英国物理学家罗杰·彭罗斯和斯蒂芬·霍金发表了一篇数学气息浓厚的论文。两人在这篇论文中证明了，一旦恒星在演化末期的遗骸质量超过中子星质量上限，它们就会不可避免地在引力效应下坍缩成一个密度无限大、体积无穷小的点。

1972 年，澳大利亚天文学家路易斯·韦布斯特（Louise Webster）和英国天文学家保罗·穆丁（Paul Murdin）当时都在格林尼治皇家天文台工作，负责观测神秘的 X 射线和射电源天鹅座 X–1。

---

① 按照约瑟琳·贝尔的说法，"脉冲星"（Pulsars）这个术语是《每日电讯报》（*The Daily Telegraph*）科学记者安东尼·米凯利斯（Anthony Michaelis）的发明。他在一次采访期间提出，既然他们能把当时正在研究的"类似恒星天体"（quasi-stellar objects）缩写成"类星体"（quasars），那么为什么不依样画葫芦，把"脉冲射电天体"（pulsating radio objects）缩写成"脉冲星"？于是，这个名字就确定并流传到了现在。

② 亨利·罗素（发明赫兹普龙－罗素图的那位）在《天体物理学报》（*Astrophysical Journal*）上为爱丁顿撰写了讣告。

他们发表了一篇论文，将这段从白矮星到中子星再到黑洞的天文认识之旅推向了高潮。当时，韦布斯特和穆丁于天鹅座 X-1 所在的天区发现了一颗普通恒星，并且注意到它发出的光出现了多普勒频移。其实，我们在日常生活中经常会遇到多普勒频移现象。救护车从身边飞驰而过时，我们会听到警笛音高的变化。当救护车朝我们开过来的时候，警笛发出的声波被挤压，波长变短，频率变高；当救护车离我们远去时，警笛发出的声波被拉伸，波长变长，频率变低。赛车场上的赛车呼啸而过，高速公路上的汽车轰鸣而去时，我们听到的声音变化也同样如此。之所以会发生这种现象，是因为声音是一种波。同声音一样，光也是一种波，所以上述挤压、拉伸声波的过程也同样会发生在光上。当光被拉伸，波长变长，它就会显得偏红（红移）；当光被挤压，波长变短，它就会显得偏蓝（蓝移）。

韦布斯特和穆丁观测的那颗恒星出现了周期性的红移和蓝移现象，周期长度为 5.6 天。这一定是因为那颗恒星存在伴星，两者一起围绕着彼此之间的质心（位于两者之间的空旷空间）运动。从目标恒星星光的红移程度，我们就能知道它的运动速度以及伴星的质量，无论伴星是行星大小（诸多类似木星大小的系外行星都是这样发现的），还是要大得**多**。韦布斯特和穆丁的计算结果是，这颗恒星的伴星（无法观测到）质量远超托尔曼－奥本海默－沃尔科夫极限。警钟从此敲响。在发表上述观测、计算结果的论文中，两人用了一句非常漂亮的话作总结陈词："我们不可避免地推测，它可能是个黑洞。"

至此，也就是20世纪70年代，恒星死亡后可能步入的三座坟墓都为天文学家所知晓，它们分别是：白矮星、中子星、黑洞。一旦大质量恒星——质量大于等于太阳的10倍——耗尽燃料后，就再也没有什么物理过程可以阻挡它在超新星爆发期间核心部分的引力坍缩了。等待它的最终结局只能是：核心部分坍缩成一个黑洞，一颗看不见的暗星。如今，我们甚至认为，有些质量大到不可思议的恒星可以跳过超新星爆发阶段，直接坍缩成黑洞。就那么"噗"的一下，今天还能看到，明天就消失了。

此外，由钱德拉塞卡极限，我们可以知道，在某些非常特殊的情况下，如果白矮星获取了额外的质量来源，质量持续增加，那么终有一天当它达到足够的质量（多到电子被迫同质子结合变成中子）时，它就会坍缩成中子星。同样，根据托尔曼－奥本海默－沃尔科夫极限，如果中子星获取了足够多的额外质量，那么它最终也会变成黑洞。实际上，这种情况确实可以发生。当双星系统中的一颗恒星演化成白矮星或中子星后，它可以不断从仍处于主序阶段的伴星那里偷取质量，直到达到钱德拉塞卡极限或托尔曼－奥本海默－沃尔科夫极限。正是出于这一点，我倾向于认为，中子星就是天体步入黑洞之前的一个演化阶段。中子星演化成黑洞，就像皮卡丘进化成雷丘一样。

因此，如果我们愿意等待，等待无比漫长的时间，等到太阳系附近出现大量可以给太阳提供额外质量的物质，那么从理论上说，太阳在进入白矮星阶段后，也可能进一步演化成中子星，并且最终演化成黑洞。不过，这么说的话，哪怕只是一团气体，无论它处在宇宙的哪个角落（比如你的厨房里），都有可能最终演变成一个黑洞，只要你能耐心地、一丝不苟地按下面这张食谱"烹制"黑洞：

1. 预热微波炉，使其达到可以开启核聚变的温度。

2. 不断往里面加入物质，加到几十亿乃至几百亿公斤。

3. 按下烘烤键，等待黑洞出现。

第六章

真有趣，它的拼写和"逃跑"差不多[*]

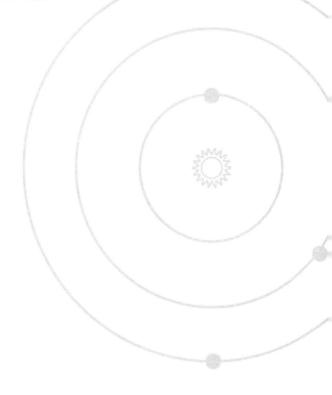

在世界各地旅行的日子算得上是我人生中最欢乐的时光。到现在我都清晰记得十几岁时去科罗拉多大峡谷旅行的景象：那缤纷的色彩、惊人的热量、壮丽的景色令我震撼到屏住呼吸。我蹑手蹑脚地靠近悬崖边缘，只为一瞥这大自然的奇景。越是接近边缘，越是能看到大峡谷本来的样子，看到奇特的岩层和蜿蜒穿过谷底的水流。当然，在父母眼里，十几岁的我是那么莽撞，他们每隔五分钟就要提醒我不要靠悬崖边太近，而我也总是为了好玩不听劝阻，依旧我行我素。不过，父母在很多事情上往往是正确的，他们对我的提醒也是如此（这不单单是因为我可能是他们见过的最笨拙的人），更是因为在悬崖边上，我只要踏错一步，就会坠入万丈深渊。

就让我们假设，我当时真的坠入了大峡谷的谷底，不过侥幸活了下来，却没有足够的能量爬上悬崖，因此被困在谷底。前面几章我一直都在说服你，使你相信黑洞不是洞，反而更像山。于是，现在你可以把黑洞周围的"事件视界"想象成大峡谷的悬崖边缘——一旦越过，就会万劫不复，无论是你这个人还是宇宙中的一切物体，都没有足够的能量沿着坠入的路线爬出来。

越是靠近黑洞，逃离它需要达到的逃逸速度就越大，直到最后逃逸速度变成光速。这个分界点就是我们所说的"事件视界"。事件视界之所以存在，只是因为光速是全宇宙的速度极限。如今，事件视界常常被描述成"一旦过去，就再也无法返回的点"，但实际上，事件视界压根不是点。事件视界是一个三维球体，里面包裹着我们不知道的存在。我们把事件视界这个球体内的空间描述成黑洞的"尺寸"，用天文学术语来说，就是史瓦西半径。

第一次世界大战爆发时，德国物理学家、天文学家卡尔·史瓦西正担任波茨坦天体物理天文台台长。[1]虽然德国军方因为史瓦西的年龄（他当时快 41 岁了）没有召他服兵役，但他还是自愿入伍，在两条战线上服役。尽管如此，战争没有停下史瓦西钻研科学的脚步。1915 年，当时一战还未结束，爱因斯坦向全世界发表了他的广义相对论，其中包括描述物质的存在如何影响空间和时间的著名方程。这些方程可是出了名地难解[2]，连爱因斯坦本人都认为这些方程不存在精确解，他自己也是采用了诸多近似值以求得答案（例如在解释水星的运动轨道时就是如此）。然而，这没有吓倒当时担任德军炮兵中尉的卡尔·史瓦西，毕竟，就算纵观整个科学史，他都是

---

[1] 这个职位相当显赫。

[2] 我们都知道一元二次方程的求根公式是 $x = \frac{-b \pm \sqrt{b^2 - 4ac}}{2a}$，无论求解的方程是什么样，代入这个公式就能得到准确的解。然而，令全世界物理系学生感到沮丧的是，爱因斯坦的方程可没有这样简洁明了、万试万灵的通用求解公式。要是有就好了。

— 114 —

一位担得起"永不停歇"这四个字的人物。[①]

史瓦西在东线战场服役期间（他还患有一种罕见的自身免疫性疾病，令他痛苦不堪），利用"停战时间"撰写了三篇科研论文，其中有两篇的主题是关于广义相对论。[②] 他用了一个简单的技巧（没有使用寻常的 x、y、z 坐标系，而是使用了以半径和角度为坐标的极坐标系，就像我们用经度和纬度描述在地球上的位置一样）精确求出了爱因斯坦方程组的解，得到了不自转球状天体周围的引力强度。解出方程组后，仍在东部战线上服役的史瓦西于 1915 年 12 月 22 日给爱因斯坦写了一封信。信中有一句很棒的话，德语原文是这样的："*Wie Sie sehen, meint es der Krieg freundlich mit mir, indem er mir trotz heftigen Geschützfeuers in der durchaus terrestrischer Entfernung diesen Spaziergang in dem von Ihrem Ideenlande erlaubte.*" 这句话的大意是：史瓦西首先感谢了爱因斯坦，然后说，战场上虽然硝烟弥漫，但是他并没有受到太多伤害，甚至有机会细细思索爱因斯坦通过广义相对论传递出的引力观。然而，5 个月后，也就是 1916 年的 5 月，年仅 42 岁的史瓦西就去世了。知道了这点再读他的这段话，不禁感到十分辛酸。

---

① 又是音乐剧《汉密尔顿》的粉丝喜欢的一个词。（剧中有一首歌曲就叫《永不停歇》。——译者注）

② "你为什么不停写作，就像如临末日？"实在是忍不住称赞这句歌词。我太爱你了，林－曼努尔（Lin-Manuel）。（这句歌词出自《永不停歇》，林－曼努尔是《永不停歇》的作曲、作词。——译者注）

史瓦西并不是专为黑洞而求解爱因斯坦方程组的。他得到的解适用于任何有质量的球体，无论是恒星，还是散布在广袤宇宙空间中的弥散气体星云。不过，史瓦西的解着实令世人担忧了几十年，因为在这个解中，有两个点的引力强度会变成无穷。其根源在于史瓦西使用了极坐标系，他求得的引力强度取决于与某个中心点之间的距离。因此，只要与该中心点之间的距离相同，结果都一样，相当于是一个由中心位置和半径长度确定的球体。当半径为零时，引力强度就成了无穷；当半径极大时，引力强度也为无穷。至于半径要大到什么程度才会出现这个情况，则取决于质量。

这种情况出现的位置就是所谓的"奇点"。这是一个奇妙的数学词汇，意为"我们没法告诉你这里发生了什么"。这是一个无法定义的点。数学家要是碰到这种情况通常会臭骂你一顿，因为要想计算出半径为零处的引力强度，你就必须——请深吸一口气——除以0（写到这里，我都情不自禁地打了个寒战）。从数学的角度上说，除以0通常是禁用的操作，但我们物理学家可不会对此犹豫不决。如果除数越来越小，那么得到的结果就越来越大（就像物体的运动速度越来越接近光速时，动量越来越大一样）。因此，我们物理学家非常乐于除以0，并且顺理成章地宣布结果是无穷。当然，对数学家来说，他们一定会为此争论不休。对大部分天体（比如恒星）来说，这种奇点都不是什么大问题，因为普通恒星都不小，半径都很大，更容易出现的反而是另一种半径趋向无穷大时的奇点。现在，我们把这种半径称为"史瓦西半径"，但直到 20 世纪 60 年代，天文学家才意识到它的真正含义：**事件视界**。

"事件视界"这个术语的发明要归功于奥地利裔物理学家沃尔夫冈·林德勒（Wolfgang Rindler）。第二次世界大战爆发之前，年仅 14 岁的林德勒通过为拯救犹太儿童而开展的"儿童撤离行动"从奥地利疏散到了英格兰。他在英国念完了中学，又在那里上了大学。1956 年，他得到了美国纽约康奈尔大学的工作邀请。刚一抵达康奈尔大学，林德勒就成功发表了他在伦敦大学攻读博士时的研究成果，于是，全世界都知晓了"事件视界"一词。林德勒把"视界"定义为"可观测事物与不可观测事物之间的边界"，就像当你看向远方时永远不可能看到地平线之外的景象一样。而事件视界自然就是把各类事件分成了可以看到的和不可以看到的，它们之间的边界就是事件视界。或者，用林德勒更有诗意的话语说就是："那些（事件）永远超出了（我们的）观测能力。"

史瓦西半径其实就是黑洞的事件视界，它意味着：一旦越过黑洞的事件视界，我们就再也不能得到来自黑洞的任何信息，因为那里不会有任何光逃出黑洞（逃逸速度超过了光速）。实际上，事件视界并不是真正的奇点，因为如果你换一种坐标系，仍旧可以定义出那个点的引力强度，哪怕你无法得到任何越过它的区域的信息。不过，史瓦西半径仍旧代表了黑洞的某些物理属性。从本质上说，史瓦西求得的爱因斯坦广义相对论方程组的解告诉了我们事件视界的大小，也即黑洞本身的大小，而且这个大小仅取决于黑洞的质量（其实还有光速和整体引力强度，但就我们目前所知，它们都是常数）。黑洞越大，它的事件视界就越大。

我到现在还记得在杜伦大学物理学系念本科时第一次学习史瓦西半径推导过程的场景。显然，一旦拥有了这样一个可以计算黑洞大小的方程，我做的第一件事就是计算我本人可以变成多大的黑洞。大学毕业后，我吃的奶酪稍微多了点，体重有所增加，所以在写这本书时必须重新计算。你们知道的，女士的体重不能随便透露，我只能告诉你，如果我们有能力把一个普通人（体重大约是 62 公斤）压缩成一个黑洞，那么它的事件视界半径大约是 0.09 幺米（ 0.0000000000000000000000009 米，小数点后一共 25 个 0 ！）。也就是说，这个黑洞比原子还小，比构成原子核的质子还小，甚至比构成质子的夸克还小。

不得不承认，这个数字已经小到我们无法想象，因此让我们再来算算更大一点的东西，比如整个地球。如果你可以把地球压缩成黑洞，那么这个黑洞的事件视界半径也只有 0.9 厘米，比你的指甲盖还小。如果把太阳变成黑洞呢？它的事件视界半径会是 2.9 千米。要知道，太阳现在的实际半径是 696,342 千米，比它变成黑洞后的史瓦西半径大多了。不过，无论大小如何，无论事件视界半径是 0.09 幺米，还是 0.9 厘米，抑或是 2.9 千米，我们得到的黑洞的性质都是一样的：逃逸速度大于宇宙速度上限，即光速。

那么，史瓦西求得的解中的另一个奇点，情况又如何？就是那个半径为零（r=0）时的奇点。要知道，我们前面讨论的史瓦西半径其实并不是真正的奇点，而是所谓的"坐标系奇点"（只在你为解决问题而使用的特定坐标系中存在），但半径为零时的奇点是真正的物理学奇点，我们称为"引力奇点"。它是完全不可定义且完全不可知的。我们无法定义那个点上的空间弯曲程度，以及引力强度。实际上，我们甚至认为，那个点本身都不再是正常的"时空"了。你完全无法定义它所在的位置，以及所处的时间！

对于那些远大于史瓦西半径的天体，比如质量不小且分布均匀的恒星，这同样不是什么问题。我们不需要知道半径为零时的引力值，仍旧可以说，只要半径大于零，史瓦西求得的爱因斯坦方程组的解能准确地描述其引力强度。可是，当考虑恒星生命末期的情况时，这就是一个大问题了，因为此时恒星核心部分质量太大，没有任何机制可以抵御引力坍缩，无论是电子简并压力还是中子简并压力都不行。此时的恒星持续坍缩，越变越小，直到小于史瓦西半径。这时会发生什么？我们不知道，因为此时的恒星坍缩发生在事件视界之外：永远超越了我们的观测能力。

对于这种情况，寻遍整个物理学领域都找不到任何可以抵御引力效应、阻止恒星坍缩的物质过程或物质形式。就我们目前所知，它只能持续坍缩，直到所有质量都集中于那个密度无限大、体积无限小的不可定义的点，也即半径为零处的奇点。至少，这就是爱因斯坦方程组史瓦西解的数学描述。由于光速不可突破，事件视界遮挡了我们的视线，使我们无法看到黑洞"内部"的真正性质：这些暗星究竟是什么样子呢？

光就是我们观察周遭宇宙的方式。我们通过光记录下恒星亮度，通过太阳系行星反射的太阳光记录下它们所在的位置。我们把信息编码在无线电波（也是一种光）中，通过空气发送出去，接收端再将其解码成声音，这就是收音机的工作原理。我们借助同样的机制让携带信息的红外光穿越光纤电缆，从而实现上网这样的伟大成就。因此，从本质上说，我们都是通过光来交流并收发信息。这就意味着，黑洞不但是光的囚笼，也是信息和数据的枷锁。按照目前所知的物理学定律，我们可以完全按照自己的心意用数学方法描述事件视界之外的内容，但我们永远无法检验这些推论，因为我们永远无法接收到黑洞事件视界内的信息。

毫无疑问，科学家最伤心的就是没有数据。想象一下那种感受：你不断向着大峡谷的悬崖边缘靠近，却仍旧无法看到峡谷的壮丽美景。这显然会令人很是挫败。而这就是我们天文学家不得不接受的残酷现实。不过，大峡谷的悬崖边缘清晰可见，或许已经让无数代父母担忧了成千上万年，然而黑洞的事件视界却一点也不明显。黑洞周围可没有什么悬崖峭壁，也没有什么划在沙滩上的分界线，更没有史瓦西穿着裁判服像在足球场上那样在特定区域喷上分界线。事件视界是彻彻底底无法看到的，而且，除非你时刻保持高度警惕，不然你甚至无法感知到它在那里……英勇的太空旅行者们可要小心了！

第七章

为什么黑洞不是"黑"的

可以看到夜空中的星星，总是令我惊奇又惊喜。身为天文学家说出这种话，听上去难免显得有些傻气，但请真正坐下来，好好**想想**，这些星光是跋涉了多远才最终进入我们的眼睛。下一次你有机会凝望夜空时，请留意一下能否找到猎户座腰带上的三颗恒星。其中距我们最近的那颗，也有 1.1 万万亿千米（1200 光年）之遥。这意味着，它发出的光要走上 1200 年才能抵达你的眼睛。[①] 因此，我们看到的是它 1200 年前的样子。要知道，它发出的光会朝四面八方射向整个宇宙，可偏偏有那么一小部分，跨越了如此遥远的距离，最终跃入我们的视野。这难道算不上神奇？

再想想手电筒和车前灯发出的光，在我们与其渐行渐远时，这光线会变得多么昏暗。所以，现在请停下手中的工作，好好想想夜空中的这些星星是多么明亮，发出的光才能跨越万万亿千米洒在我

---

① 猎户座腰带上的另两颗恒星分别距我们 1260 光年和 2000 光年。需要提醒读者的是，星座中的恒星看上去如此接近，只是因为它们发出的光投射到了二维夜空中而已（就像是球面上的两个点）。实际上，在真实的三维空间中，它们彼此之间的距离也要以光年计。

们的卧室窗前，甚至可以同马路上耀眼的路灯争辉。这就是为什么我每次仰望星空时都会屏息凝神。夜空中的这些微小光点经历了史诗般的宇宙之旅才出现在那里，而我们只需要抬起头，就能欣赏到它们的光辉。这样的事实令我心荡神驰。

你在夜空中看到的每颗星星其实都位于我们所在的银河系及其附近区域。银河系远处（或者说银河系的另一侧）恒星的星光，组合在一起，在天空中形成了一道昏暗模糊的巨大光晕，看上去就像是有人将牛奶泼洒在天上似的（这就是银河系名称的来历 ①，"galaxy"这个词源自希腊语 *galakt*，本意是牛奶）。那些远离都市光污染曾见过真正黑暗夜空的读者，一定欣赏过宛如拱桥的银河（银河系总体上呈扁平的漩涡状，其中所有恒星都像太阳系中的行星一样在一个平面上运动，于是，从地球上望去，银河就像一条横跨天空的飘带），至于那些只见过城市夜空的读者，很可能不能领会我描述的景象。在地球夜空中看上去相当昏暗的仙女座星系其实包含了一万亿颗以上的恒星。虽然在地球北半球可以看到仙女座星系，但也只能望见一个模模糊糊的小光团。然而实际上，它在地球夜空上的尺寸大于 6 个满月的宽度。这只是因为仙女座星系离我们实在太远，所以其中的一万亿颗恒星发出的光芒到达地球时变得无比昏暗，肉眼只能勉强可见。

---

① 银河系的英文名称是 Milky Way，字面意思就是牛奶路。——译者注

不过，望远镜中的景象就大为不同了。17 世纪，当伽利略把望远镜对准天上的银河这条模糊光带时，他惊奇地发现银河竟然"分解"成了一颗颗恒星。相比肉眼，望远镜可以让我们更加细致地看到更遥远、更昏暗的天体。此外，望远镜观测的可不仅限于可见光波段（我们的眼睛看到的就是可见光），还有探测射电波段（比如约翰·贝尔和休伊什发现中子星用的那种），甚至高能 X 射线波段的望远镜。

前文已经介绍过，X 射线和射电其实也是光，只是形式不同而已。可见光、射电、X 射线都位于全光谱上，只是因为波长（频率）不同而处于不同位置。彩虹并不是仅仅从红光到紫光，只是因为我们的眼睛无法看到其他波长的光而已。1867 年，苏格兰物理学家詹姆斯·克拉克·麦克斯韦（James Clerk Maxwell）率先实现了认知飞跃，意识到"彩虹之外"的情况。他提出的麦克斯韦方程组，如今是全世界每一所大学物理学课程的基础。麦克斯韦方程组解释了光的本质是由电、磁两部分构成的波（电磁波），还阐明了电磁波的传播方式。麦克斯韦总结道，可见光是一种波长很短的电磁波。他还预言，一定存在其他波长或长或短的电磁波，其特性也各不相同。

不过，麦克斯韦方程组也只是方程组，仅仅是数学推演。当时，没有人能证明光其实是一种电磁波，也没有人真的看到麦克斯韦预测的"其他波长或长或短的电磁波"。然而，仅仅过了 20 年，在 1887 年，一位名叫海因里希·赫兹（Heinrich Hertz）的德国物理学家发明一种可以产生射电波的装置——射电波就是一种波长比可见光长得多的电磁波。在随后的几年里，赫兹进而证明了，这种波的行为同麦克斯韦预测的完全一致，最关键的是与可见光的行为完全一致。同可见光一样，射电波也会反射、折射（当传播介质改变，比如从空气进入玻璃时，传播方向也相应改变，前文中提到的令夫琅禾费大为恼火的现象就是光的折射）和衍射（遇到障碍物或缺口时会绕开，就像海湾中的海浪那样）。

赫兹的发现不仅标志着人类有史以来第一次产生了射电波，更是第一件支持麦克斯韦方程组及其关于光本质观点的有力证据。它打开了发现更多类型电磁波的大门，尤其是另一位德国物理学家威廉·伦琴（Wilhelm Röntgen）在 1895 年"偶然"发现的 X 射线。伦琴当时在维尔茨堡大学做研究，整日摆弄汤姆逊的阴极射线管。正如汤姆逊日后发现的那样，阴极射线本质上就是一束从带负电金属棒流向带正电金属棒的电子。两根金属棒之间的电压大幅提升了这些电子的速度。

电子是很小的粒子，肉眼看不到。因此，我们看不到阴极射线本身，物理学家在 19 世纪末看到的是阴极射线撞击玻璃管后产生的闪光。玻璃管中的其他原子吸收了电子的部分能量，再以光的形式把它发射出来——这就是荧光。

伦琴当时研究的是，能否通过玻璃上的一个小开口（由铝做成，以便在导出电子的同时屏蔽光）将阴极射线导出玻璃管。伦琴想，如果在玻璃管上蒙上一层厚厚的黑纸以遮挡玻璃管内的荧光，就可以通过管外是否发出荧光判断有无阴极射线通过开口跑出玻璃管了。为此，伦琴首先得查验他用的纸是否完全遮光。于是，他把黑纸覆在了铝制开口上然后关掉了实验室的灯。结果，他没有看到任何荧光，便心满意足地去开灯。就在这时，在一片漆黑的实验室里，伦琴发现，在距玻璃管几米处的长凳上有什么东西在闪闪发光。要知道，当时从没有人想过阴极射线能在空气中传播那么远。毕竟，大家都知道，电子需要像铜这样的良导体才能传播。这也是为什么我们家里都用铜线（甚至包裹着铜的铝线）供电。

伦琴起初根本不相信自己看到的现象，又反复试验了几次，反复给蒙上黑纸的玻璃管施加电压，但结果都是一样。于是，他只能相信看到的荧光确实是真实存在的。伦琴认为，引起这种荧光的一定是一种全新的辐射。由于他完全不知道这种辐射究竟是什么，便用数学中常常代表未知的符号 x 来表示，称其为"X 射线"。就这样，这个术语固定了下来——至少在说英语的国家是这样，但在说其他欧洲语言的国家，大家更喜欢称它为"伦琴射线"。

接着，伦琴便开始尝试尽可能多地了解这种 X 射线的性质。它可以在什么介质中传播？能引发多强的荧光？它是怎么产生的？他用感光板记录下了相关的一切。照相技术诞生之初，人们以曝光感光板（镀有对光线敏感的银盐的金属板）的方式得到照片。光与感光板接触的地方，上面的物质就会变暗（就是我们今天所说的"负片"）。伦琴把一块铅放到了阴极射线管的开口前面，并且注意到铅阻隔了 X 射线和他自己的手。接着，伦琴一生中最重大的科学突破出现了：他在感光板上看到了一幅手的鬼魅般的图像。之后，出于对自身科研名誉的担忧，伦琴开始秘密实验。然而，其实在他之前，就有科学家留意到感光板太接近阴极射线管时会曝光。例如，美国物理学家阿瑟·古德斯彼德（Arthur Goodspeed）就发现，压着两枚硬币的感光板在接近阴极射线管时会曝光出两个圆圈的图案。

虽然伦琴还是心存疑虑，但他还是决定继续研究究竟哪些物质能够阻隔 X 射线，哪些不能。这次在他实验中充当小白鼠的是他夫人安娜·伯莎·路德维希（Anna Bertha Ludwig）。由此，伦琴成功捕捉到了人类史上第一张特征明显的 X 射线医学照片，其内容是她夫人手部的骨骼。相比手部的肌肉和皮肤，骨骼以及手指上的戒指阻挡了更多 X 射线，因而在图像上显得更加昏暗。对身在 21 世纪的我们来说，这样的照片是再熟悉不过了［例如在《实习医生格蕾》（Grey's Anatomy）中运用 X 光的桥段屡见不鲜］，但对于第一次看到自己手指骨骼照片的伯莎·路德维希来说，感受就完全不同了。据说，她当时表示："我看到了自己死后的样子！"

随后，伦琴便发表了这项结果。到 1895 年 12 月，X 射线的发现已经在科学界和公共舆论中引起了轩然大波。那个时候，几乎每位物理学家的实验室里都配了阴极射线管，这意味着他们愿意放下自己手头研究的一切，去再现伦琴的实验，并亲自深入研究这种神

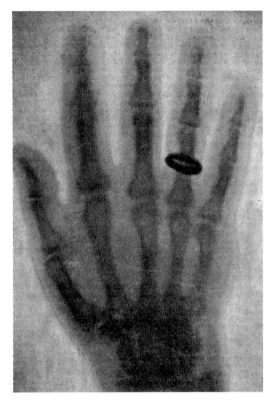

人类史上第一张 X 射线医学照片，由威廉·伦琴于 1896 年发表。照片显示的是伦琴的夫人安娜·伯莎·路德维希的手部。较暗的部分是阻隔了更多 X 射线的手骨和戒指。相应地，较亮的部分阻隔的 X 射线较少。

秘射线的其他性质。然而，真正意识到 X 射线可以在医学领域发挥重大作用的还是伦琴本人。为此，他给自己认识的所有医生都写了信介绍 X 射线。一年之内，全球医学机构都开始利用 X 射线定位子弹碎片、查验骨折位置、寻找误吞食的各种离谱的物品以及其他种种应用（当时的人们还不知道长期暴露于高剂量 X 射线之下可能造成的危害，因而使用起来更加无所顾忌）。①

不过，直到 1912 年，马克斯·冯·劳厄（Max von Laue，又一位德国物理学家）和手下为他打杂的学生才揭示了伦琴射线的本质：一种电磁波。也就是说，X 射线也是光，只不过波长比可见光短得多。当阴极射线中的电子撞上覆在玻璃管上的铝时就产生了 X 射线，接着，这种电磁波就穿过厚纸，毫无阻碍地向远处传播。伦琴从未给自己的这项发现申请专利，因为他觉得对医学界如此有用的技术应该对所有人免费。最终，伦琴也凭借 X 射线的发现获得 1901 年诺贝尔物理学奖，他将 5 万瑞士克朗的奖金捐赠给了维尔茨堡大学。

伦琴的发现震撼了整个物理学界和医学界，但起初（伦琴发现 X 射线后的头五十年内）对天文学界没有产生太大影响。在马克斯·冯·劳厄确认伦琴射线就是一种光后，天文学家就萌生了用 X 射线观测星空的想法，但距付诸实施还很遥远。正如前文所说，长期暴露于高剂量 X 射线之下可能造成巨大危害，因此，地球生命要感谢大气层阻隔了外太空的大部分 X 射线，使其无法到达地球表面（而可见光和部分波长的射电波可以毫无阻碍地穿过地球大气）。这对我们而言当然是再好不过的消息，但对 20 世纪初刚刚崭露头角的

① 甚至，到 20 世纪 40 年代末，还有鞋店提供免费的 X 射线成像服务，帮助顾客查看穿鞋后的足骨位置。

研究 X 射线的天文学家来说就是坏消息了。

相比天体发出的可见光、紫外光或射电（光），大气层的存在让探测天体 X 射线的过程变得更为艰难。要想探测 X 射线，在大学校园空地上手忙脚乱地组装望远镜显然是行不通的。你得把携带有 X 射线探测器的望远镜发射到地球大气之外。对早已习惯了私人公司每天发射卫星、宇宙飞船甚至电动汽车去太空的你我来说，这听上去也没有很难，甚至相当容易。然而，在 20 世纪初，大部分天文学家都觉得 X 射线天文学最多只能算是无聊时才会想想的东西。

然而，里卡尔多·贾科尼（Riccardo Giacconi）可不这么想。目睹了 X 射线带给物理学界的巨大飞跃后，他将开拓 X 射线天文学作为自己的使命。贾科尼是一位意大利裔美国天文学家，1954 年在米兰大学博士毕业后，通过富布赖特奖学金转去了美国。① 投身 X 射线天文学事业之初，贾科尼主要研究如何让气球载着 X 射线探测器飞向越来越高的地方。不过，气球的时代很快就结束了，迎来了用火箭搭载 X 射线天文台的日子。

将搭载着 X 射线探测器的火箭发射到地球大气层上方，然后再

① 富布赖特项目是现在美国规模最大的国际文化交流项目。在过去 60 年里，这个项目一共向 155 个国家和地区的至少 294,000 名从事各领域研究的学生提供了奖学金，资助他们去海外继续学习或任教。富布赖特项目成果卓著，截至本书成稿之时，有 88 位奖学金得主获得普利策新闻奖，60 位奖学金得主获得诺贝尔奖（得奖领域涉及物理学、化学、医学、文学及和平奖），38 位奖学金得主担任政府首脑，还有一位成为联合国秘书长。

任其回落，一路上记录探测到的 X 射线数据。这种"短途旅行"式的探测技术直到 20 世纪 70 年代初都有应用。贾科尼也是借助这项技术发现，夜空中到处都是 X 射线，而且其源头似乎是无已知可见天体的区域。人人都在发问：**究竟是什么产生了这些 X 射线？**

天文学家被难住了，因为没有多少物理过程的能量高到足以产生 X 射线——X 射线是一种波长极短的电磁波，所以携带的能量非常高，只有当某个物体温度极高时才会释放 X 射线（或者运动速度极快，比如阴极射线管中的电子）。即便是温度高达 5700℃ 的太阳表面都不足以产生 X 射线。不过，另一方面，太阳的上层大气（日冕层）温度高达数百万摄氏度，足以产生 X 射线（请记住，物体释放出的光的波长取决于温度）。[①]1949 年，美国 X 射线天文学家赫伯特·弗里德曼（Herbert Friedman）在一次火箭探测中发现了太阳发出的 X 射线。然而，虽然太阳是天空中最明亮的 X 射线源，但那纯粹只是因为它离我们实在太近了。本质上说，太阳并不是一个强大的 X 射线源，与贾科尼在实验中发现的那些散布在天空中的 X 射线源并不相同。

1962 年，贾科尼借助火箭搭载 X 射线探测器的方法发现了天

---

① 至于太阳的大气温度为什么会比表面温度高这么多，我们现在还没有研究清楚。科学家倒是提出了不少假说，有的认为原因在于太阳的磁场，有的认为太阳表面的微小黑子会吸收高能辐射，导致温度下降。我觉得，这倒是很好地提醒了我们，虽然我们现在已经知晓了许多宇宙奥秘，但我们不知道的还有更多，哪怕是距地球如此之近的太阳，我们也没有完全了解。

空中最明亮的 X 射线源之一，那是在天蝎座方向。[①] 由于当时的技术限制，这就是贾科尼能够掌握的有关该 X 射线源位置的全部信息了——至少不是月亮发出的，对吧？于是，科学家便宣布人类第一次探测到了来自太阳系之外的 X 射线。后来的探测将其源头缩小到一颗名叫天蝎座 V818 的恒星附近。因为这个 X 射线源也是人们在天蝎座中发现的第一个，所以命名为"天蝎座 X-1"。由此，天文学家开始争论，其他恒星是否也会像我们的太阳一样，灼热的上层大气释放大量 X 射线。在后来的几年里，这就是对恒星 X 射线来源的相对靠谱的解释。

直到 1967 年，才由苏联天文学家约瑟夫·斯科洛夫斯基（Iosif Shklovsky，出生于今天的乌克兰）提出，这个解释不可能正确。他认为，恒星的能量不足以产生那么多高能 X 射线，它们的温度不够高。当时，无论是在科学界，还是在公众眼中，斯科洛夫斯基都是一个大人物，他在 1962 年出版了一本关于外星智慧生命的图书，原版当然是用斯科洛夫斯基的母语俄语写作的，但 1966 年英文版出版，是与卡尔·萨根合著的。[②] 斯科洛夫斯基是科学界探寻地外智慧生命的五位先驱之一，其余四人分别是：卡尔·萨根、意大利

---

① 还记得吗？同在一个星座中的恒星实际上也相隔光年之遥，就比如猎户座腰带上的那三颗。因此，两颗恒星位于同一个星座并不代表它们是"邻居"，只能说明从地球上看去，它们位于同一个方向、同一片天区。对天文学家来说，星座只是用来定位、"导航"，方便有效地给出目标天体的方向和位置。

② 斯科洛夫斯基和萨根都有乌克兰 - 犹太人血统。

物理学家朱塞佩·科科尼（Giuseppe Cocconi）、美国天文学家菲利普·莫里森（Philip Morrison）和弗兰克·德雷克（Frank Drake，最出名的工作是提出了德雷克公式，导师是塞西莉亚·佩恩－加波施金）。

1967年，斯科洛夫斯基研究高能天体物理学现象（从像蟹状星云这样的超新星遗迹到释放X射线的太阳日冕）已有30年的时间了，但同时他也对火星卫星轨道和地外生命颇感兴趣。因此，当他提出对于天蝎座X-1的新解释时，人们很是重视，即便他的观点在当时看上去似乎只是纯粹的理论幻想。斯科洛夫斯基提出，能量高到足以产生大量X射线的物理过程就只有致密天体（比如中子星）的吸积——吸积是一个有趣的物理学术语，大体意思就是天体质量通过汲取周围物质逐渐增加。1967年4月，也就是在约瑟琳·贝尔记录下后来从中发现中子星的观测数据之前7个月，斯科洛夫斯基发表了这篇论文。

那么，斯科洛夫斯基对X射线的认识是如何发生这样的跃变的？借助描述流体（也就是液体和气体）行为的数学公式，物理学家早就知道，运动极快的气体温度会变得极高。同样地，如果气体全都朝着一个方向运动——比如围绕着某个天体运动——就会形成盘的形状，就像披萨面团在头顶上旋转几圈后就会变成扁平的披萨一样（不过，能完成这番操作的至少得是非常优秀的大厨，我自己尝试时，披萨面团总是会掉在地上）。斯科洛夫斯基提出，我们之所以探测到了那么多高能 X 射线，唯一的解释是，天蝎座 X-1 是一个密度极高的天体，而且它围绕着恒星天蝎座 V818 运动，同时还会从后者那里偷取物质。斯科洛夫斯基还提出，只有中子星才可能这样吸积物质，并把吸来的物质加速到形成吸积盘、加热到极高温从而释放大量高能 X 射线的程度。

在约瑟琳·贝尔等人发现脉冲星（最终解释为中子星）之后，斯科洛夫斯基有关天蝎座 X-1 的假说就成了最合理、最吸引人的阐释，最终在 20 世纪 70 年代初为科学界所接纳。接着，20 世纪 70 年代见证了 X 射线天文学领域的巨大飞跃：空间望远镜的出现。科学家不再需要发射搭载 X 射线探测器的火箭，而是直接发射 X 射线探测卫星。1970 年 12 月，人类首颗 X 射线探测卫星"乌乎鲁"[①]发射升空。它扫视了整个天空，标记出了 X 射线源的位置，并且发现其中有许多与普通恒星（包括我们在第五章中提到的第一个黑洞候选者天鹅座 X-1）以及刚发现的射电源（比如脉冲星）重合。

在乌乎鲁标记出的 X 射电源中，半人马座 X-3（人类在南半球星座半人马座发现的第三个 X 射线源）尤其值得注意。科学家起初是在 X 射线波段发现了它，但后续又发现它还是个释放射电波的脉

---

① 在斯瓦西里语中，乌乎鲁（Uhuru）是自由的意思。它在从蒙巴萨（肯尼亚第二大城市）附近发射升空后，为纪念肯尼亚独立 7 周年而取了这个名字。为什么选在靠近赤道的肯尼亚发射卫星呢？因为赤道地区的自转速度高于高纬度地区，可以获取额外能量，因而更适合发射火箭。又因为地球是自西向东自转，所以以东海岸地区更受青睐——万一出了什么问题，火箭更可能会坠入海中，而非陆地。

冲星，围绕着一颗名叫"克热明斯基"[以它的发现者波兰天文学家沃尔切赫·克热明斯基（Wojciech Krzemin'ski）来命名]的普通恒星运动。天文学家很自然地认为，半人马座 X-3 和其他许多类似的 X 射线源一样，生产 X 射线的途径也是斯科洛夫斯基提出的吸积机制。就半人马座 X-3 来说，它本身是颗中子星——后续探测证实它同时还是一颗射电脉冲星。然而，在某些情况下，就比如天鹅座 X-1，发出的 X 射线能量实在太高，远超中子星吸积物质所能产生的能量。唯一的解释就是，这种天体的质量远大于中子星质量上限托尔曼 – 奥本海默 – 沃尔科夫极限。所以，天鹅座 X-1 只可能是正在吸积物质的黑洞。

接着，20 世纪 70 年代中叶，苏联天体物理学家尼古拉·沙库拉（Nikolai Shakura）、拉希德·苏尼亚耶夫（Rashid Sunyaev）、伊格尔·诺维科夫（Igor Novikov）与美国理论物理学家基普·索恩（Kip Thorne）率先提出模型并且得出结论：围绕着黑洞运动的气体温度可以上升到 10,000—10,000,000 开尔文，具体是什么数值取决于黑洞（或其他致密天体）的质量有多大。从本质上说，吸积就是一个通过光的形式把质量转化成能量的过程（还记得吗？质量和能量是等价的）。恒星内部的核聚变过程其实也是如此。不过，吸积的效率要比核聚变高得多。1 千克氢在恒星内部核聚变，只有 0.007% 的质量会以辐射的形式释放出来。而黑洞吸积 1 千克氢，10% 的质量会在吸积盘中的氢气朝黑洞盘旋前进时以光的形式释放出来。这就是关键之处——光是从黑洞周围的吸积盘释放出来的，距事件视界还远得很，所以我们仍然能够探测到它们。

正是通过这类 X 射线探测，我们才知道，原来银河系众多恒星之间隐匿着恒星死亡后的遗迹——黑洞。与你最初的想法不同，用"隐匿"这个词形容黑洞，其实很不恰当。因为黑洞能让它周围的物质明亮得像圣诞树一样。由于吸积机制的存在，黑洞其实一点儿也不"黑"，它们反而是宇宙中最明亮的天体。因此，你现在看的这本书写的可不是罗伯特·H.迪克说的那种黑洞，而是一座座极为明亮的山。

第八章

当 2 变成了 1[*]

夜空的一大优点是它对所有人都开放。至少是对所有不受坏天气影响的人开放。只要所在的地区天气清朗，所有人都可以跑去户外，用肉眼或者望远镜观测天空，并用科学方法尝试解释看到的一切。技术的进步更是大大降低了观测星空的难度。与夜空相关的手机应用可以准确地告诉你在哪个位置观察哪个天体。有了望远镜和照相机，星空摄影师们在自家后花园里就能拍摄到壮美的太空照片——这可是 20 世纪初天体物理学家的梦想。技术进步赋予我们的另一项能力就是：没有光，也能"看见"。这可是全新的星空观测方式。

大多数与我们的太阳相似的恒星都不是"形单影只"：50% 以上的类太阳恒星都绕着另一颗恒星运动。从这个角度上说，太阳算是比较稀有的了。在更常见的双恒星系统中，两颗恒星其实是绕着彼此之间的**质量中心**（简称"质心"）运动。如果这两颗恒星质量完全相当，那么质心就在两者的正中，它们会像好朋友一样，手拉着手沿着相同的轨道互相绕转，彼此间的距离时刻相同。不过，如果其中一颗恒星质量更大，那么质心就会朝它偏移。想象两颗恒星

"坐"在跷跷板两头，如果其中一颗比另一颗重，那么你必须把支点从正中挪到离较重恒星更近的位置，才能让跷跷板保持平衡。这个位置就是两颗恒星围绕着运动的质心，同时也意味着较重那颗恒星轨道较小、速度较慢；较轻那颗恒星轨道较大、速度较快。

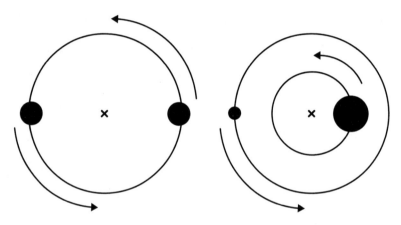

两颗相同质量恒星互相绕转的示意图（左）以及不同质量恒星互相绕转的示意图（右），质心就是示意图中的 ×。

我们把两颗互相绕转的恒星称为双星系统，不过你还可以再扔一颗恒星进去，形成三星系统，甚至扔一对恒星进去，形成四星系统。目前（截至撰写本书时），我们发现的最大恒星系统拥有 7 颗恒星。键闭和螣蛇十四就是我们所知的两个七重星系统。① 螣蛇十四

---

① 遗憾的是，它们都有一点太暗了，肉眼无法看到。不过，借助双筒望远镜和天蝎座以及仙后座的星图，你应该可以在清朗的夜空中找到它们。

的构成是：一个双星系统围绕另一个双星系统运动，它们这个整体又围绕一个三星系统运动。键闭的情况则要简单一些，就是一个三星系统围绕一个四星系统运动。

恒星的质量越大，就越有可能出现在多恒星系统中。那些很小的红矮星（质量很小而且相当昏暗，但是占到了银河系恒星总数的80%[①]）中，只有25%拥有伴星；但在那些质量大到足以在生命末期坍缩成黑洞的恒星中有超过80%拥有伴星。只有在气体很多的地方才能形成大质量恒星，因此，它们大多形成于一片巨大气体云中的大型恒星团中。这么多恒星集中在那么小（天文学意义上的小）的区域，自然就增加了多恒星系统的出现概率。

前文已经介绍过，恒星质量越大，消耗燃料的速度就越快。它们"一生潇洒，英年早逝"。因为它们质量太大，向内收缩的引力效应就更强，就必须消耗更多燃料对抗这种压力，因此消耗的速度就快得多了。我们的太阳寿命大约是100亿年（它现在大约是45亿岁，正值中年），而质量最大的恒星撑死只能"活"10万年。它们在最短的天文学时间尺度内燃烧释放出最明亮的光芒。这就意味着，黑洞（或是中子星，或是白矮星）有更大概率最后出现在一颗

---

① 显然，银河系中红矮星的数量比起人们最初认为的要多得多。在意识到这一点之前，天文学家受"更显眼、更明亮、更大质量恒星更有可能拥有伴星"这个事实引导，错误地认为，银河系中大多数恒星都处于多恒星系统中。事实恰恰相反，由于红矮星在银河系中占大多数，实际上只有1/3的银河系恒星处于多恒星系统中。

普通恒星的轨道附近，而这颗恒星在后续几千万年、几亿年乃至几十亿年中仍会愉快地把氢聚变成氦。这正是发生在我们的老朋友天鹅座 X-1（根据前面的章节，我们已经知道，它是第一个黑洞候选者）以及无数其他多恒星系统中的情况。

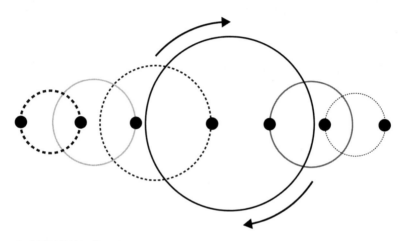

七重星系统键闭的组成。图中，实心原点代表恒星，圆圈代表它们的轨道。大体上，它可以分为一个互相绕转的三星系统和四星系统。细分下去，在三星系统中，是一颗恒星围绕一个双星系统运动。而在四星系统中，是一颗恒星围绕另一颗恒星运动，同时，后一颗恒星还围绕着一个双星系统运动。

多亏了黑洞发出的 X 射线，我们才能识别出全银河系内包含黑洞的双星系统。可是，如果双星系统中的另一颗恒星质量也很大，并且也在经历超新星爆发后演变成了一个黑洞，又会发生什么？那将会形成两个互相绕转的黑洞，其中涉及的引力强度远非我们可以想象。进入超新星爆发阶段后，两颗恒星在主序阶段所处的稳定轨道会被完全打乱。超新星爆发会把恒星的大部分外层物质，也即恒星的部分质量，抛洒到宇宙空间中，只留下恒星核心部分坍缩成黑洞。因此，留下的两个天体（一个黑洞，另一个暂时还处于主序阶段的恒星）会形成新的质心以达到系统平衡。

第二颗恒星经历超新星爆发并抛出质量后，也会留下一个质量比原恒星小的黑洞。这意味着，原来的双恒星系统变成了双黑洞系统，它们必须靠得更近，才能找到新质心。然而，当两个黑洞如此靠近时，根本没有稳定的轨道。因此，接着发生的事就是：在随后的数百万年里，两个黑洞沿着螺旋路径不断接近，直到最后不可避免地在人类所能想象的最壮观的碰撞中走向终点——当然，从技术角度上说，这个碰撞过程我们是**无法**看到的。一旦双恒星系统中的两颗恒星都演变成了黑洞，就意味着再没有处于主序阶段的恒星供它们偷取物质了，自然也就不会形成释放 X 射线的吸积盘。于是，对我们来说，整个系统就变得完全不可见了，至少在最后的大碰撞之前是这样。

好了，现在请回想一下第三章的内容以及爱因斯坦的广义相对论：质量弯曲时空。像黑洞这样的高密度、大质量天体显然具备最强的弯曲时空能力。当双星系统中的两个黑洞沿着螺旋路径不断加速接近时，它们会频繁改变周围时空的曲率。如此频繁地极大程度扭曲时空显然需要惊人的能量，而这些能量只能来自黑洞本身。这就像是双星系统对宇宙空间本身发出的一次冲击，因为这么小的区域内无法容纳如此多的能量，所以额外的能量耗散出来，像冲击波一样在整个宇宙空间荡漾开来。

还记得我们先前将大质量天体比作蹦床上的篮球吗？想象现在以稳定的节奏把两个很重的篮球从蹦床上弹起。蹦床表面一定无法保持平整——篮球不断弹起、落下时，产生的能量会在蹦床表面扩散开，并被蹦床吸收，所以蹦床表面也一定会不停地起起伏伏。两个黑洞互相绕转、接近时，空间的弯曲情况就与这里的蹦床类似。区域内容纳不了的能量就会向空间中发散出去，好似池塘水面上的涟漪，而这就是"引力波"。这是一种穿过空间本身的波，它到哪里，哪里的空间曲率就会改变。而为引力波提供能量的，则是两个互相绕转、接近的黑洞。

早在 1915 年，爱因斯坦第一次发表关于广义相对论的论文时，他就预言了引力波的存在（不过，当时他只是提出发出引力波的是非常致密的天体，并没有点明是黑洞），但直到 59 年后，这一预言才得到了（间接）证实。1974 年，美国两位天体物理学家约瑟夫·泰勒（Joseph Taylor）和拉塞尔·赫尔斯（Russell Hulse）——两人都在马萨诸塞大学阿默斯特分校工作，泰勒是教授，赫尔斯正是他的博士生——发现了第一个双脉冲星系统，并命名为 PSR B1913+16（不过现在大家都称之为"赫尔斯－泰勒双星"）。它本是一个双星系统，在两颗大质量恒星都耗尽燃料、经历超新星爆发阶段之后，留下了两颗彼此环绕运动的脉冲中子星。

赫尔斯和泰勒当时使用的是阿雷西博望远镜。这架望远镜位于波多黎各，口径长达 305 米，还因为在 007 詹姆斯·邦德系列电影《黄金眼》（*Golden Eye*，1995）和朱迪·福斯特（Jodie Foster）主演的电影《超时空接触》（*Contact*，1997）中出镜而成为天文学研究中最出圈的元素。[①] 约瑟琳·贝尔在 1967 年发现脉冲星后，20 世纪 70 年代初的整个天文学界掀起了一股寻找脉冲星的热潮，赫尔斯和泰勒就是投身这股热潮的两人。起初，他俩以为发现的只是一颗寻常脉冲星，每 59 毫秒（也就是说，它每秒自转 17 次）就朝地球发出射电波。

然而，在后续观测中，赫尔斯和泰勒注意到了奇怪的现象：脉冲周期并不是精确的 59 毫秒，每次测量时都会稍长或稍短一些。这点确实怪异，因为脉冲星号称宇宙中最精准的时钟之一，脉冲周期（两次脉冲之间的时间间隔）应该不变。赫尔斯和泰勒把 PSR B1913+16 的脉冲周期绘制成图后，得到了一个波形：一条正弦曲线。脉冲周期的变化竟然也存在周期，每 $7\frac{3}{4}$ 个小时就回归一次。这实在是太有规律了，他俩甚至能够根据距上次测量的时间准确预测当次测得的脉冲周期。

---

① 2017 年的玛利亚飓风使阿雷西博望远镜伤痕累累。之后，2020 年 8 月和 11 月又接连发生了两起电缆事故，于是主管部门决定安全拆除阿雷西博望远镜，就此让它退役。然而，拆除工作还没开始，阿雷西博望远镜就又经历了一次严重的垮塌事故，变得彻底无法修复了。

赫尔斯和泰勒意识到，如果这颗脉冲星还围绕着另一颗恒星运动，[①] 那么就能解释这个现象：脉冲星朝地球方向运动时测得的脉冲周期就会短一些；脉冲星远离地球时测得的脉冲周期就会长一些。这个过程每 $7\frac{3}{4}$ 个小时重复一次，表明这两个天体每 $7\frac{3}{4}$ 个小时就互相绕转一周。这是人们第一次在这样的双星系统中发现中子星。因此，在随后的 6 年里，无数学者对其展开了无比细致的研究，并且最终发现了另一个奇怪性质：这两个天体 $7\frac{3}{4}$ 个小时的轨道周期也在慢慢缩短。用偏学术的话来说就是，它们的轨道正在衰减。两者在互相绕转接近时会损失能量，同两黑洞系统类似，这些丢失的能量会进入空间本身，以引力波的形式向四周荡漾开去。

1979 年，泰勒同李·福勒（Lee Fowler）以及澳大利亚天文学家彼得·麦卡洛克（Peter McCulloch）一道向全世界发表了相关研究结果，证实脉冲双星 PSR B1913+16 的轨道衰减完全就像爱因斯坦预言的那样（至少在地球与该脉冲双星遥远距离导致的不确定性允许范围之内是成立的），并且与当时在议的其他所有引力理论的预测不同。

这是支持引力波存在的第一件（间接）证据。泰勒和赫尔斯也凭此荣获了 1993 年诺贝尔物理学奖，颁奖介绍称，PSR B1913+16

---

① 当时，赫尔斯和泰勒并没有意识到这个系统中的另一个天体是中子星。他们本该想到的，因为这颗伴星在光学波段不可见。最终证实这颗伴星为中子星的是同样研究这个系统的其他科研团队。

的发现"为引力研究打开了无数全新的可能"。① 不过，泰勒、赫尔斯、福勒和麦卡洛克并非第一批思索引力波是否存在的人。第二次世界大战后，天文学各个领域都迎来了技术突破，有些学者便萌生了在地球上直接探测引力波的想法。1969 年，马里兰大学工程师约瑟夫·韦伯（Joseph Weber）误把某个发现当成了引力波，着实令20 世纪 70 年代的科学界为之一热。

韦伯有一个铝制的大圆柱体，他宣称，当这个装置与引力波相撞时会发出敲锣似的鸣响。韦伯所谓的探测到引力波在科学上毫无意义，也遭到了当时许多顶尖天体物理学家的批评。然而，他的虚假声明的确刺激了其他人更加努力地寻找引力波并建造自己的引力波探测器。PSR B1913+16 轨道衰减的发现更是起到了推波助澜的作用。然而，到底要怎么做，才能真正直接探测到引力波？

引力波所到之处，会拉伸、挤压空间本身。因此，当引力波通过时，天体在空间中的距离也会相应地变短或变长。如果能测量到这种距离变化，便相当于探测到引力波的存在。只不过，整个探测过程必须做得相当精确，科学家通常选择借助激光做测量。激光是一种由单一波长的光构成的光源（因而也只有一种颜色，这就是为什么你在买指星笔时只能选纯绿色或纯红色），而且只朝着一个方

---

① 诺贝尔奖最多可由 3 人分享。遗憾的是，1983 年，李·福勒在一次攀岩事故中遇难，年仅 32 岁。至于麦卡洛克为什么也没获奖，这个我也不清楚。或许，仅仅从理论层面解释引力波形式的能量耗散不足以说服当时的评奖委员会。

向发射，从而形成相当致密的光束。这意味着，你把激光指向某个方向，就知道它发出的绝大多数光都往那个方向去了，而不是像电灯泡那样随意地向四面八方发散光。

这同时也意味着，如果你朝镜子发射激光，绝大部分激光会径直奔向镜面然后反弹回来。于是，你就会在最初发射激光的位置探测到这同一束激光（读者朋友，千万不要在家里，也千万不要在没有防护措施的情况下这么做，因为激光可以致盲）。由于光速已知，就可以通过那个古老而经典的公式——距离 = 速度 × 时间——计算出激光来回一程走过的距离。这就是一种测量物体（激光发射源和镜子）间距离的准确方式。① 跟踪记录激光发射源和镜子之间的距离，就能检验是否有引力波经过——如果有，那么激光发射源和镜子之间的距离会被拉长或缩短。

不过，爱因斯坦本人就曾指出，探测引力波的困难之处在于引力波对空间的扭曲程度极其微小——小到比质子的直径还小，也即小于 0.0000000000000001 米。即使借助激光，以这种精度测量物体间的距离也是一项无比艰巨的任务。于是，在 20 世纪 60 年代和 70 年代，分别有两批天体物理学家想到了可以借助一种物理学戏法实

---

① 这同样也是我们准确测定地球与月球间距离的方式。月球表面留有 5 个 "反射器"，它们其实就是确保光按原路返回的镜子（就像夜间道路中央的 "猫眼道钉" 一样）。其中 3 个是美国 "阿波罗计划" 留下的，2 个是苏联（无人）"月球" 任务留下的。借助这些反射器和强力激光源，天体物理学家得知，月球正以大约每年 4 厘米的速度远离地球。

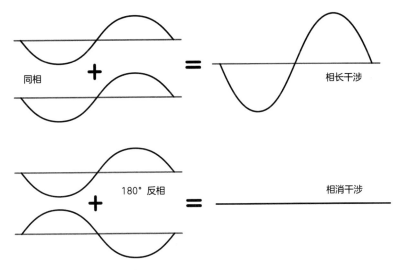

同相的两道波发生相长干涉（上图），反相的两道波发生相消干涉（下图）

现如此高精度的测量（究竟是谁"第一个"想到的，目前还没有定论）。而这又与激光的性质相关。

激光释放的光都是一样的。每条波的波峰和波谷都排得整整齐齐，物理学家称这种现象为"同相"（就像大家整整齐齐做同一个动作一样）。如果你再增加一道激光，并调整它的位置，使两道激光也处于同相状态，那么，它们发出的光波在探测器中汇聚后就会叠加，你探测到的光束将会比原来亮一倍。我们称这样的两道波发生了**相长**干涉。当然，你也可以调整第二道激光的位置，使其发出的波与第一道激光完全反相，它们发出的光波在探测器中汇聚后就会相互抵消，你就探测不到任何光束。我们称这样的两道波发生了**相**

消干涉。这其实就是降噪耳机的工作原理——记录下到达耳机的声波，同时在你耳中播放与之完全反相的声波，使得两者发生相消干涉以达到降噪的目的。

因此，探测引力波的最佳方式之一就是利用波的干涉这个物理学戏法。把探测器造成 L 型，让两个激光源发射的光束成 90°角，再用反射镜把它们汇聚到一起，这样两道光束就会完全反相，并且通过相消干涉互相抵消。总的来说，以这个模式精准配置的探测器会记录下两道激光束汇聚后的结果——如果一切正常，那么两个激光源之间的距离以及激光源与镜子的距离都保持不变，又因为发出的激光完全抵消，所以探测器不会记录到任何光线。然而，如果有引力波经过，从而改变了其中任何一对激光源与镜面之间的距离，那么两道激光束就会偏离原来的位相，探测器就会探测到部分激光。如前所述，两道光束发生相长干涉时，探测器记录到的光最明亮，为单束光的两倍；两道光束发生相消干涉时，探测器则完全记录不到光。因此，根据探测器记录到的光的亮度（介于 0—2 倍单束光亮度），就能判断两道光束位相的变化程度，并且计算出它与光波长的比值。这种方法称为**"干涉量度分析法"**，简称"干涉法"，因为需要借助光的干涉。通过这种方法，我们就能测量引力波导致的物体间距离的微小变化，哪怕其幅度小于质子直径。①

---

① 利用这种方法建造的引力波探测器只能探测到特定频率的引力波。至于具体是什么频率，则取决于使用的激光是什么波长，以及激光源与镜子之间的距离，但与引力波的振幅无关。

1971 年，美国物理学家罗伯特·L.福沃德（Robert L. Forward）利用激光的干涉建造了第一座引力波探测器，当然还只是雏形。他的这台 L 型引力波探测器，双臂各有 8.5 米，花了 150 个小时记录是否有引力波经过的迹象，但结果并没有成功（结果也与韦伯的"锣"引力波探测器完全不符）。1971 年，麻省理工学院的美国天体物理学家雷纳·韦斯（Rainer Weiss）指出，要想探测到引力波，激光源与镜面之间的距离必须远大于 8.5 米。20 世纪 70 年代初，他计算得出结果，要想探测到蟹状星云中的那颗脉冲星（在中国天文学家 1054 年观测到的那次超新星爆发中形成的）发出的引力波，激光源与镜面之间的距离至少是 1 千米（0.62 英里）。由此，韦斯甚至建议，直接将这样的干涉仪探测器建在太空里。①

1975 年夏天，雷纳·韦斯同他的老朋友基普·索恩见了面。索恩是加州理工学院理论物理学家，因在黑洞和广义相对论方面的工作而闻名②。当时，两人都在华盛顿参加一场主题为"宇宙学与相对论"的会议。按照韦斯后来的说法，会议前的那晚，他们就引力领域研究中的重大未决问题讨论了一整夜。结果，两人不约而同地表示，未来应该把重点放在引力波上。同时，他们也知道，要想真正

---

① 感谢美国宇航局的激光干涉空间天线计划（Laser Interferometer Space Antenna, LISA），这个梦想有望在 21 世纪实现。当然，这个探测器最早也要到 2037 年才能发射升空。

② 到了 21 世纪，他最出名的则是为克里斯托弗·诺兰（Christopher Nolan）2014 年上映的科幻电影《星际穿越》（Interstellar）担任科学顾问。

解决这个问题，需要两个条件：1. 大量的资金支持；2. 一位专业的实验物理学家（韦斯和索恩均在引力波理论领域深耕多年，但对工程学或是原型机以外的实验设计就没那么在行了）。

要想获得资金支持可不容易：有诸多问题需要解决，其中包括一系列技术提升。例如，他们首先要解决如何确保激光源与镜面不受地震活动的影响。虽然造成巨大破坏的高震级大地震确实非常少见，但能够导致镜面晃动、连我们人类自己都很难察觉的小地震基本每天都在发生，十分常见。按照地震学研究联合会（IRIS）的说法，全球每天平均发生几百起强度小于里氏 2 级的小地震（涉及的能量差不多相当于闪电击中地面）。然而，鉴于引力波探测器需要的高精度和高灵敏度，一定要确保它们不受地震活动的影响，否则建造出的就只是一台昂贵的地震探测器了。

类似地，一辆路过探测器的重型卡车也足以晃动架设好的激光源与镜面。把探测器造在地下深处倒是的确能解决卡车的问题，但又加剧了地震活动的影响。最后想出解决办法的是在比萨大学工作的意大利物理学家阿达尔贝托·贾佐托（Adalberto Giazotto）。当时，他正在开发新的悬挂系统，叫作"超级衰减器"。1985 年，他在罗马举办的一次会议上拿出了这个新设备，并且指出，它可以保证镜面不受地震活动的影响。也是在那次会议上，当时在巴黎应用光学实验室工作的法国物理学家让－伊夫·维内（Jean-Ives Vinet）公布了自己在激光回收方面的研究成果。这项技术可以大大提升激光发射器的功率，使得它发出的光束即便距离甚远也能被探测到，而这正是引力波探测器需要的。

当时，欧洲科学界对建造引力波干涉仪已有浓厚的兴趣，代表人物就是法国物理学家阿兰·布里耶（Alain Brillet）。然而，现实又一次证明，资金才是最大的障碍。最终，美国和欧洲的合作团队都获得了资金支持（但也失去了未来很多年内参与其他项目的优先权，比如位于智利阿塔卡马沙漠中的甚大望远镜［VLT］① 项目）。1988 年，以韦斯和索恩为首的加州理工－麻省理工合作团队获得美国国家科学基金会（NSF）的资助，并且将探测器命名为激光干涉引力波天文台（LIGO）。以布里耶、维内和贾佐托为首的欧洲合作团队则在 1993 年得到了法国国家科学研究中心（CNRS）的资金支持，后来又在 1994 年得到了意大利国家核物理研究中心（INFN）的资助。他们将探测器命名为室女座天文台（我们附近最大的星系团就位于室女座天区中，因此叫作"室女座星系团"。这座天文台也因此而得名）。

解决了资金问题后，现在面临的困难就是如何建造引力波探测器，并实际投入使用。由于团队成员在如何建造探测器以及如何管理项目方面存在分歧，LIGO 项目在开展之初步履维艰。1994 年，一位名叫巴里·克拉克·巴里什（Barry Clark Barish）的美国实验

---

① 我做的很多研究，数据都来自位于智利的 VLT，所以，这个项目能得到资金支持，我真是非常感激！

物理学家受邀担任该合作项目的主管。他不仅是实验高能物理学领域的专家，关键他还有管理这类大额预算新物理学项目的经验。巴里什重新规划了整个项目，并决定分两步走：第一步，建造原型机；第二步，不断提升原型机的性能，使其达到探测引力波需要的灵敏度和精确度。鉴于利用干涉方法探测引力波在实践上的复杂性，这的确是明智之举。

20 世纪 90 年代，LIGO 和 VIRGO 的建设都取得了长足的进展，许多问题都在研发团队的智慧下得到解决。VIRGO 选址在意大利塔斯卡尼。而 LIGO 则由两个探测器构成，一个位于美国路易斯安那州利文斯顿，另一个位于美国华盛顿州汉福德。这也是一个明智之举，它意味着，如果远隔大约 3000 千米（1865 英里）的两个探测器在大约 10 毫秒的间隔（光在两个探测器之间传播的时间）内先后报告探测到了相同的结果，那就可以确认是探测到了引力波，而非当地的扰动（比如正上方有一辆重型卡车经过）。另外，根据两个探测器探测到引力波的时间差异，还可以准确判断出这道引力波是从宇宙中的哪个方向来的。要是有第三个探测器的加入，结果就会更加精确，甚至可以通过三角测量法得到引力波源头的准确位置。正是出于这个原因，LIGO 和 VIRGO 这两个原本独立的项目结合到了一起，互相分享探测经验和结果。

不过，虽然 LIGO 和 VIRGO 都在 21 世纪头十年里多次运行，但都没有探测到引力波。显然，它们需要升级以提高灵敏度，并且强化对地震活动干扰的抵御能力。21世纪10年代初，LIGO和VIRGO都开始停机升级，直到2015年9月才重启。之后，这两个探测器始终保持在"工程师模式"，以保证在必要的时候可以进行调试及进一步合作。正是在这个时期，当时正在马克斯·普朗克引力波物理学研究所工作的意大利天体物理学家、博士后研究员① 马尔科·德拉戈（Marco Drago）某天收到了LIGO系统自动发送的一封邮件，内容是LIGO在利文斯顿和汉福德的探测器都探测到了引力波。

而且，两个探测器得到的结果完全一样，看上去也很符合两个黑洞系统发出的引力波涟漪。LIGO之所以自动向VIRGO团队发出这样一封邮件，只有两种可能性：1.真正探测到了引力波；2.这只是一个虚假的模型信号，是研究员人为"注入"到系统里的，目的是查验LIGO的整个工作机制是否在正常运转。然而，当时的LIGO仍处于工程师模式，意味着它应该还无法人为植入虚假信号。德拉戈明白，这个结果就是真的，但还是请同事即另一位博士后研究员安德鲁·伦德格伦（Andrew Lundgren）进行复核。他们致电给利文斯顿和汉福德研究小组，询问是否有什么异常情况需要报告，得到的答案是没有。收到第一封电子邮件一小时后，德拉戈向整个LIGO合作团队发了一封电子邮件，询问是否有可能两个探测器同

---

① 必须向我的博士后同行们大声汇报这一点：这是属于我们这个群体的成就。

时产生了虚假信号，但没有立刻得到回复。在随后的几天里，LIGO合作团队的高级成员确认，绝对没有向探测器人为注入虚假信号。换句话说，在升级重启后的两天内，LIGO终于实现了韦斯和索恩在40年前的那个深夜探讨的梦想。

这项重大发现或许是整个天文学历史上最难保密的成就。LIGO合作团队实在太过庞大，发现引力波的消息不胫而走。当时，我正在牛津大学攻读博士，感觉短短几周之内，整个天文学界都在热烈讨论LIGO好像发现了什么。没人完全清楚具体结果及细节，直到6个月后的2016年2月，LIGO团队召开新闻发布会官方公布相关情况。在这6个月里，整个团队都在确认这个信号并不是源自探测器故障、地震或是虚假的光源。这个信号后来被冠以一个颇为诗意的名字GW150914（GW是引力波的缩写，150914就是它的发现日期2015年9月14日）。它的发现标志着人类第一次直接探测到引力波，而且它的形状完全符合爱因斯坦广义相对论对两个黑洞螺旋式接近、合并情况的预测。

这不仅是广义相对论的又一次胜利，更是人类历史上首次通过可见光之外的手段直接"触碰"宇宙。不过，吸引公众目光的倒不是这个信号的可视化图表。相反，真正让全球人民沸腾的，是这个信号转换到人耳听力范围内的声效，它有点像是你合上嘴，用大拇指摁脸颊内侧，然后释放时发出的声音。"嘭！"这或许是整个故事中我最喜欢的一个部分：面颊发出的一声"嘭"竟然能代表两个宇宙最神秘天体毁天灭地大碰撞时的声响。

2017 年诺贝尔物理学奖颁给了引力波的发现，获奖者分别是雷纳·韦斯、基普·索恩和 LIGO 团队经验丰富的主管巴里·巴里什。考虑到 LIGO-VIRGO 合作项目的庞大规模以及全球各地开展的类似物理学实验，仅仅颁奖给三个人显然远不足以体现人类作为一个集体在发现引力波过程中付出的巨大努力。要知道，光是 LIGO 团队，工作人员就超过 1200 人。

一直以来，科学家始终认为存在双黑洞系统——原本是两个大质量恒星构成的双星系统，它们在死亡并经历超新星爆发后，演变成了双黑洞系统——只是苦于无法探测，因而没有证据。引力波的发现证实了他们的猜想。发现 GW150914 之后不久，科学家又发现了更多引力波，甚至早在 2015 年 12 月，也就是 GW150914 尚未官宣之前，就发现了另一道引力波。截至 2020 年 10 月，我们已经发现了 50 道引力波。它们的成因多种多样，有的是源自双黑洞合并，有的是源自黑洞 - 中子星合并，有的是源自双中子星合并。其中，双中子星合并常常是最令人兴奋的探测目标，因为在它们合并坍缩成黑洞之前，我们还能探测到一道闪光。通过这一事件，就能准确计算出双中子星与我们之间的距离，而且更加准确地估算中子星质量上限（其实也是黑洞质量下限），托尔曼 - 奥本海默 - 沃尔科夫极限。

我们不知道引力波的发现未来还会开启哪些物理学研究领域的

大门，但我们已经可以肯定，这一发现不可阻挡地彻底改变了整个天文学领域。在望远镜诞生之前，天文学观测的对象仅限于我们肉眼能看到的那些；在望远镜诞生之后，天文学观测的通道扩展到了全光谱。同样地，引力波探测器如今也为天文学提供了一种全新的观测方式，意义就如同望远镜一般重大。

第九章

友善的黑洞邻居

在进入本章的话题之前，请允许我先引用道格拉斯·亚当斯（Douglas Adams）的睿智名言——**不要恐慌**①。每当我告诉别人我最热切的愿望就是太阳系能拥有自己的黑洞时，他们总是以厌恶和恐惧的目光看着我。然而，正如我在前文中介绍的，黑洞可不是什么宇宙吸尘器——在太阳系中，黑洞的角色远非一只引力牧羊犬。因此，太阳系拥有自己的黑洞可不是什么坏事，相反，这也太太太太太酷了。

遗憾的是，到现在为止，还从没出现能够证明太阳系中存在黑洞的报告（或者"目击事件"之类的，你懂的）。目前已知距地球最近的黑洞是麒麟座 V1616。虽然听上去有点像是某种传染病毒的名字，但它实际上是一个比太阳质量高 6.6 倍的黑洞挤在一个比海王星还小的空间里。麒麟座 V1616 确实离我们不远，也就 3000 光年（大约 2.8 亿亿英里）之遥，但要比距太阳系最近的恒星（仅 4 光年之遥）远多了。因此，麒麟座 V1616 只是天文学意义上的

① 出自道格拉斯·亚当斯的经典科幻作品《银河系搭车客指南》（*The Hitchhiker's Guide to the Galaxy*）。——译者注

"近"，还远不是你我出门逛超市的那种近。

好在，麒麟座 V1616 正愉快地围绕另一颗与我们的太阳很相似的恒星运动。换句话说，这个黑洞正在慢慢地从恒星那里偷取物质以形成吸积盘。在这个过程中，它有时会释放出大量 X 射线，从而让我们知晓它的存在。除了这一点以及距地球近之外，麒麟座 V1616 似乎也没有什么特别值得关注的地方。而且，现在普遍认为，整个银河系都是远离喧闹的星际郊区，没有什么特别的地方。

对我们人类而言，麒麟座 V1616 真正特殊的地方其实不是我们已经探测到它周围物质发出的光线（X 射线），而是我们也向它发送了光信号。那是在 2018 年 6 月 15 日，终生致力于研究黑洞数学问题的英国天体物理学家斯蒂芬·霍金逝世 3 个月后，欧洲空间局为纪念他朝麒麟座 V1616 的方向发送了一条广播信息。这条消息会在 5475 年抵达麒麟座 V1616，象征着人类第一次与黑洞"交流"。

不过，麒麟座 V1616 只是我们目前**已知**的距离最近的黑洞。如果事实并非如此，情况又将如何？完全可能存在另一个离我们更近的黑洞——甚至是一个双黑洞系统，就像 LIGO 系统探测到的第一道引力波的来源那样——只是它周围还没有物质围绕着它运动，所以没有发出足以显示自身位置的 X 射线。甚至，在我们的太阳系里或许就藏着一个黑洞，这也完全有可能。

我保证，这个想法乍听上去很离谱，但其实不是。完全有理由猜测太阳系边缘游荡着一个网球大小的黑洞，就在冥王星轨道外侧，扮演着"搅屎棍"的角色。第一个原因是，天文学家始终认为天王星与海王星的轨道稍显奇怪。要知道，正是因为这点，所以人们才在 1859 年刚刚发现海王星（在此之前，勒维耶早已通过天王星轨道的异常情况推算出了它的存在）之后，立刻开始搜寻另一颗行星。正是这颗位于海王星轨道外侧的所谓"第九行星"不断扰动着天王星与海王星的轨道：通过引力效应持续推挤天王星与海王星，使得它们的轨道比其他太阳系行星扁许多。

1930 年，人们认为总算找到了这颗神出鬼没的"第九行星"。当时，年仅 24 岁的美国天文学家克莱德·汤博（Clyde Tombaugh）发现了冥王星。而汤博则是从同为美国天文学家的前辈帕西瓦尔·洛厄尔（Percival Lowell）那里接过了搜寻第九行星的重任。洛厄尔出身于波士顿一户精英家庭，所以理所当然地在哈佛大学求学。毕业后，他在市里经营一家棉纺厂 6 年，之后决定远行并在接下去的 10 年里游遍亚洲。19 世纪末，洛厄尔终于返回美国后，他决定开启天文学事业。值得一提的是，他启动天文学生涯的方式可不是像你我这样求学然后从事一份相关工作，他是利用继承的遗产和经营所得在美国亚利桑那州弗拉格斯塔夫外建造了一座全新的天文台，并取名为洛厄尔天文台。洛厄尔之所以挑选这个地点，是因为那里海拔很高而且远离都市灯光——这是在地球表面展开天文观测的最佳环境条件。同时，这也是人类历史上首次以此标准为天文台选址，在洛厄尔之前，天文台选址的首要标准是方便。时至今日，所有专业天文台都按照这个标准选址了：第一要尽可能远离受到光污染的区域；第二要选择高海拔地区，因为那里气候相对干燥。夏威夷莫纳克亚山、智利阿塔卡马沙漠、澳大利亚沃伦本格国家公园，都是绝佳的天文台选址地点。①

1906 年，洛厄尔开始在弗拉格斯塔夫专心搜寻"第九行星"（他本人喜欢称其为"X 行星"）。同当时正在展开恒星分类工作的哈佛大学天文台一样，洛厄尔也雇用了一个女性计算者团队，为首的是伊丽莎白·兰登·威廉姆斯（Elizabeth Langdon Williams）。她们的任务是，不厌其烦地反复搜寻照相底片上的目标天体。1903 年，威廉姆斯以优异成绩毕业于麻省理工学院，拿到物理学学士学位，成了第一批获此成就的女性之一。洛厄尔起初在 1905 年雇用她，是为了让她帮忙编辑科学出版物，之后才请她领导天文台的女性计算者团队。在正式开始工作之前，洛厄尔已经向威廉姆斯大致描述了 X 行星应该具有的特点：轨道与天王星同处一个平面，与我们之间的距离大概是 45 个日地距离。接着，威廉姆斯就要无比繁琐地计算 X 行星可能所处的轨道，以便向团队成员指出应当搜寻的天区。

而洛厄尔本人则频繁地用天文台中的望远镜观测目标天区，并且将最近拍摄的照片与之前拍摄的作比较，以查看是否有天体在背景星空中发生了移动（按今天的分类，威廉姆斯的工作属于天体物理学领

---

① 上述这些地点都是天文学家特别乐意前往的，要是能在观测任务结束之后再在那儿度几天假就更好了。

域，洛厄尔的工作则是纯正的天文学）。直到 1916 年逝世，洛厄尔都没有停下搜寻的脚步，但他一直没有成功。只不过，如今我们作为后来人回顾洛厄尔天文台拍摄的照片，发现洛厄尔的确在 1915 年拍到过两张冥王星的照片。只是画面中的冥王星相当昏暗，或许就是因为这一点，导致他们没有在后期搜寻工作中发现这个天体。①

洛厄尔逝世后，搜寻工作停滞了十多年。在这段时间中，威廉姆斯嫁给了同在洛厄尔天文台工作的英国天文学家乔治·霍尔·汉密尔顿（George Hall Hamilton）。结婚后不久，她就被革去了计算者团队领导者的职位，因为 20 世纪初社会对女性的看法就是这么荒唐，这个项目显然不适合雇用一名已婚女性。因此，当搜寻工作于 1929 年最终重启时，接过这个重任的变成了刚刚聘用的克莱德·汤博。在获得这份工作之前，汤博曾用自制并在堪萨斯自家农场中测试的望远镜观测火星和木星，绘制了两者的科学图像，这令当时的洛厄尔天文台台长维斯托·梅尔文·斯里弗（Vesto Melvin

---

① 我们把这种现象称为"预发现"。2000 年，格雷格·布赫瓦尔德（Greg Buchwald）、迈克尔·迪马里奥（Michael Dimario）和瓦尔特·维尔德（Walter Wild）——三人都是业余天文学家，或者说天文爱好者——报告称又发现了一起冥王星的预发现事件，那是位于威斯康辛州威廉斯湾的叶凯士天文台在 1901 年 8 月拍摄到的。截至目前，全球共有 14 起冥王星预发现事件，叶凯士天文台的这一起是时间最早的。这些观测结果对我们充分认识冥王星轨道起到了非常重要的作用。冥王星绕太阳一周差不多需要 248 个地球年，因此，从汤博于 1930 年宣布发现冥王星以来，它也只运行了全部轨道的 37% 左右。这些预发现事件把冥王星轨道的最早观测记录往前推到了 1901 年，观测结果接近全部轨道的一半，有助于我们以更高精度全面认识冥王星轨道。

Slipher）① 印象深刻。

汤博的工作相当枯燥乏味而且繁琐，简单来说就是反复查验、对比不同时间（通常相隔一周）对同一片天区拍摄的照片，以搜寻"第九行星"。1930 年 1 月，在苦苦搜寻一年后，他终于发现有一颗未知天体的位置相比几周前拍摄的照片发生了改变。更进一步的观测证实这颗天体真实存在，并且还在朝相同方向持续运动。最终，在 1930 年 3 月，洛厄尔天文台和汤博向全世界公布了这一发现。

这项发现很快就成了全球各大新闻媒体的头版头条。接着，所有人都萌生了这样一个问题：怎么称呼这颗太阳系新行星？按照惯例，发现它的洛厄尔天文台当然有权命名。他们收到了全世界热心天文爱好者的 1000 多条建议。帕西瓦尔·洛厄尔的遗孀康丝坦斯·洛厄尔（她负责管理帕西瓦尔留下的所有资产）建议命名为宙斯（希腊神话中的天空之神），或者用她本人和丈夫的名字：帕西瓦尔和康丝坦斯。不出意料，斯里弗和汤博否决了她的建议（包括

---

① 1912 年，斯里弗率先观测并记录了星系的红移现象，这是第一件支撑宇宙膨胀的实验证据。人们常常错误地把这份功劳归于埃德温·哈勃（Edwin Hubble），但实际上，哈勃最重要的贡献是在 1929 年把自己对星系距离的测量结果同斯里弗对星系红移现象的观测结果结合起来，并找出了两者之间的关系，称为"哈勃关系"。不过，乔治·勒梅特（George Lemaitre）其实在两年前就（通过爱因斯坦广义相对论方程组）预言了这种关系，还进一步提出，如果这是真的，那么宇宙一定是在膨胀。按照阿兰·桑德奇（Alan Sandage，他在 1958 年利用哈勃关系率先准确估算出了宇宙的年龄）的观点，虽然哈勃关系的确能证明宇宙在膨胀，但哈勃本人对宇宙膨胀说持怀疑态度。

宙斯，因为其他太阳系行星都是以罗马神话中的人物命名的，而非希腊神话。实际上，木星的名字朱庇特就是宙斯在罗马神话中的对等版本）。

后来给冥王星起的名字普路托（Pluto）是罗马神话中的冥界之神。另外，根据克莱德·汤博的说法，最早提出这个名字的是一位 11 岁的牛津女孩韦内蒂亚·伯尼（Venetia Burney）。不过，她可不是一个普普通通的 11 岁女孩。她的祖父是牛津大学伯德雷恩图书馆退休管理员法尔科纳·马丹（Falconer Madan）。马丹认识许多重要人物，所以可以把命名建议传达给他们，尤其是时任牛津大学拉德克利夫天文台台长的牛津大学萨维利安天文学教授赫伯特·霍尔·特纳（还记得他吗？我们在序章中提到过他，就是《现代天文学》一书的作者）。接着，霍尔便把这个建议通过电报发给了在洛厄尔天文台工作的同行，后者把这个名字列入了备选名单（上面还有希腊神话中的智慧女神密涅瓦和泰坦巨人克洛诺斯）。最后，洛厄尔天文台所有员工一致通过采用投票的方式决定洛厄尔搜寻多年的"X 行星"的名字，并且在 1930 年 3 月 24 日官方宣布了普路托这个名字。①

---

① 大多数语言都直接使用普路托这个名字，但也有一些语言按其实际意义翻译为"冥界之神""冥王"，甚至改用本语言中冥王的名字。举个例子，印地语地区常把冥王星称为"阎罗"，而阎罗在锡克教和佛教中就是管理死亡和冥界的神。再比如，毛利人常把冥王星称为"维罗"（Whiro），而维罗在毛利神话中就是生活在冥界的邪恶化身。

到头来，人们发现冥王星的位置距洛厄尔当初的预测（由威廉姆斯做相关理论计算）相差仅仅 6°。所以，物理学家起初相当有信心，正是冥王星导致了天王星和海王星轨道的异常。然后，他们又根据冥王星对天王星和海王星轨道造成的影响计算出了冥王星的质量：比地球大 7 倍。然而，冥王星看上去是那么昏暗（行星越大，就能发射越多的光，看上去也应该更明亮），不像是有那么大质量，科学家开始产生怀疑。1931 年，对冥王星质量的估算下降到了 0.5—1.5 倍地球质量，并且在 20 世纪随后的日子里一降再降。1948 年，荷兰天文学家杰拉德·柯伊伯（Gerard Kuiper）本人估算，冥王星质量只有地球的 10%，但实际上这仍然是大大高估了。

1978 年，当时在美国海军天文台工作的天文学家罗伯特·哈灵顿（Robert Harrington）和吉姆·克里斯蒂（Jim Christy）发现了冥王星的卫星卡戎。根据卡戎的运行轨道，他俩计算出冥王星的质量只有地球的区区 0.15%（这个数字低了一些，按现在的估算结果，冥王质量大约为地球的 0.22%）。这么小的质量远不足以解释天王星轨道的反常现象，于是再次激起了寻找冥王星轨道外侧行星的热潮。1986 年，"旅行者 2 号"飞掠天王星，之后又在 1989 年飞掠海王星（到目前为止，"旅行者 2 号"还是唯一近距离接触这两颗行星的人类探测器）。它发回的结果让天文学家得以更准确地计算天王星与海王星的轨道。在把这些全新的探测数据纳入计算后，原先猜想的轨道反常现象不复存在了，自然也就没有必要引入洛厄尔推测的"X行星",相关搜寻活动也随之告一段落。洛厄尔预言的X行星所在区域与汤博发现的冥王星所在天区正好吻合,只能说是一场幸福的巧合。

接着,在20世纪随后的日子里,天文学家又在海王星轨道外侧、如今称为柯伊伯带(以杰拉德·柯伊伯的姓氏命名)的区域内发现了更多小天体。柯伊伯带也是一条小行星带,但规模和质量都远超火星与木星之间的小行星带(前者宽度大约比后者大20倍,所含物质质量大200倍)。启动柯伊伯带天体发现潮的是英裔美籍天文学家大卫·朱维特(David Jewitt)和越南裔美籍天文学家刘丽杏。两人在20世纪90年代初发现了继冥王星之后的第二、第三个柯伊伯带天体——没错,冥王星被划定为第一个柯伊伯带天体——分别是1992年发现的QB1和1993年发现的FW。时至今日,我们已经发现了2000多个柯伊伯带天体,并且还知道,在那个太阳系边缘地区至少还"栖息"着10万多个体积更小的冰质天体。

2005年,在加利福尼亚州圣地亚哥帕洛玛天文台工作的美国天文学家迈克尔·布朗(Michael Brown)、查德·特鲁希略(Chad Trujillo)和大卫·拉比诺维茨(David Rabinowitz)宣布在柯伊伯带中发现了一个新天体。起初,他们称这个天体为2003 UB313,但最终定名为厄里斯(希腊神话中掌管冲突与纷争的女神)①。和冥王星一样,也有很多天文照片"预发现"了阋神星,且最早可以追溯到

① 中文译名"阋神星"。——译者注

— 171 —

1954 年。几个月后，他们又发现了阋神星的卫星。布朗根据这颗卫星的轨道计算得出阋神星的质量要比冥王星大 27% 左右。这也让阋神星成了海卫一（1846 年）之后人类发现的最大太阳系天体。

当时，全球各大媒体纷纷称其为"第十行星"，但在天文学界，这种说法饱受争议。部分学界人士认为，阋神星以及同时期发现的其他柯伊伯带天体（比如鸟神星和妊神星）有力地说明，太阳系其实只有八大行星——否则，有资格称为行星的天体数量搞不好要多达 53 个。甚至，部分天文学家提出，应当将冥王星重新分类，但因为担心公众反应而选择谨慎。2000 年，纽约海登天文馆展出了一个只有八大行星的太阳系模型，踢掉了冥王星。相关新闻迅速成为全球各大媒体的头条，大量身为冥王星粉丝的游客尖锐批评了海登天文馆的这一模型。

2006 年，这个问题终于得到解决。在国际天文学联合会的一次会议上，参会代表以投票的方式给出了太阳系行星的官方定义。具体过程如下：委员会先拿出了一份拟定的太阳系行星定义草案，然后在大会上由所有参会代表投票表决。顺便一提，主持这次大会的正是发现第一颗脉冲星的约瑟琳·贝尔。结果，这份草案顺利通过了投票表决。于是，现在要想把某个太阳系天体划分为行星，它必须符合以下 3 个标准：

1. 必须围绕太阳运动。

2. 必须达到"流体静力学平衡"（也就是说，质量必须足够大，大到产生的引力效应能把自身塑造成接近球体的外观，而非那种表面坑坑洼洼的土豆状小行星）。

3. 必须已经清理自身轨道附近的区域。

正是第三条标准让冥王星以及其他所有柯伊伯带天体失去了行星身份，因为它们都位于太阳系内的同一片区域，当然谈不上"已经清理自身轨道附近的区域"。[①] 最后，这些柯伊伯带天体以及一些其他天体（比如位于火－木小行星带中的谷神星）被划分为"矮行星"。可以肯定地说，此决定一出，全球反响都不好。美国方言协会甚至把"冥王星化"（plutoed）选为 2006 年度词汇，意为"降级、贬低"。时至今日，我仍不觉得，网民们接受了冥王星的降级——每当我在网上提起这件事，总是会引发愤怒。只不过，我想向所有冥王星粉丝指出，现在，你们至少可以名正言顺地封冥王星为"矮行星之王"了。

2006—2010 年，科学家在进一步研究这些刚得到矮行星封号的天体之后，发现了更多无法解释的轨道特点。举个例子，矮行星"塞德娜"的轨道就显得有些"特立独行"。与其他位于柯伊伯带

---

① 冥王星死忠粉常常嘴硬说，按照这个定义，木星这样的天体也不能算是行星，因为木星轨道内外聚集了很多小行星（也就是"特洛伊小行星"）。然而，从质量差异的角度上说，在木星这样的巨人面前，这些小行星加在一起，也只能算是微不足道。另一方面，柯伊伯带中的这些天体与冥王星质量相当接近。这完全没有可比性。

的"跨海王星天体"（TNOs）不同，塞德娜永远不会跨越海王星轨道。塞德娜的轨道呈椭圆形，因此，你可以说，塞德娜的近日点也比海王星的远日点远。而冥王星和阋神星的轨道则不同，它们有时会运行到比海王星远日点距太阳更近的位置。很可能是太阳系形成时期，海王星的引力把它们拖拽到那儿的。实际上，塞德娜的轨道比海王星远三倍之多，而且轨道偏心率很高（也就是很扁），需要11,000多地球年才能绕太阳一周。塞德娜的轨道怎么会如此奇怪且遥远？一种解释是，它本是一个在星际空间游荡的天体，被太阳的引力捕获才进入了太阳系。另一种解释是，太阳此前与一颗路过的恒星发生相互作用，把塞德娜拽到了那里。当然还有一个最令人兴奋的解释：太阳系边缘还有一颗大质量行星。

塞德娜的发现者、美国天文学家迈克尔·布朗（就是发现阋神星的三位天文学家之一。因为阋神星的发现导致了冥王星降级，所以布朗也获得了"冥王星杀手"的昵称）更青睐最后一种解释。21世纪10年代初，布朗和他在加州理工学院的同事康斯坦丁·巴特金（Konstantin Batygin，俄裔美籍天文学家）又发现了6个像塞德娜这样轨道遥远且特立独行的天体。于是，他们便深入研究了下去。结果，他们发现，这些天体不仅与太阳之间的距离类似，而且都在同一个平面上运行，就好像太阳系遥远的边缘有一个大质量天体把它们拽到了那里一样。布朗和巴特金通过进一步计算后提出，最可能的解释是，太阳系遥远的边缘地带存在一颗质量相当于5—10个地球的行星。

　　一夜之间，布朗和巴特金以两人之力再度掀起了搜寻太阳系"第九行星"的热潮。然而，用卡尔·萨根的话说："非凡的观点需要非凡的证据。"时至今日，第九行星仍仅存在于天文学家的假设中，所有搜索行动都一无所获。其中一项搜寻行动是全民科学计划在线平台宇宙动物园（Zooniverse）的志愿者完成的。[①] 与汤博发现冥王星的方式类似，志愿者们每次需要审查两张美国宇航局广域红外巡天探测器（WISE）拍摄的红外波段照片。这两张照片会反复交替闪烁，以便志愿者查证照片上是否有天体的位置发生了变化。虽然这个项目最终并没有找到"第九行星"，但的确找到了太阳系之外的 131 个此前未知的褐矮星，并且为后续搜寻第九行星的行动排除了一大片天区。

　　为什么第九行星寻找起来如此困难？因为，如果它确实存在，那么其轨道与太阳之间的距离超过 500 个日地距离。这意味着，它绕太阳运行一周需要的时间长得难以想象。因此，从人类活动的时

---

① 在他们的网站 https://www.zooniverse.org/ 上，有许多研究项目需要支援为大量数据进行分类，因此这个网站汇集了来自全球各地的 2300 多万名志愿者。宇宙动物园发轫于牛津大学英国天体物理学家克里斯·林托特（Chris Lintott）为分类"斯隆数字化巡天"项目拍摄的 100 万张星系照片而创办的"星系动物园"项目。同时，克里斯也是我的博士生导师。攻读博士期间，我利用星系动物园项目分类好的数据做"大图景"星系演化研究。可以说，正是因为全球 30 万名志愿者的努力分类（按外形分类星系），我的博士研究才得以存在，在此我深表感谢。如果你正好也是这 30 万名志愿者中的一员，那么再次向你表达谢意。

间跨度来看，它在天空中的位置本来就不会有多大变化。于是，"第九行星"仍然只能存在于假设之中，神秘莫测。以塞德娜为代表的天体轨道的怪异特征也始终没有得到解释。

然而，2020 年，雅各布·朔尔茨（Jakub Scholtz）和詹姆斯·昂温（James Unwin）发表了一篇论文，将这个未解现象和另一个初看完全不相关的现象联系在了一起。华沙大学主持的"光学引力透镜实验"（OGLE）项目借助位于智利阿塔卡马沙漠中的一座望远镜跟踪观测天空中任何物体的亮度变化。这种变化可能来自脉冲星，也可能来自超新星爆发，起因多种多样，但最受项目团队关注的是所谓的"**微引力透镜**"事件。当像中子星和黑洞这样的致密天体经过背景恒星前方时，就会产生微引力透镜效应。如前文所述，致密天体的强大引力效应会弯曲所到之处的空间。当背景恒星发出的星光经过这些扭曲空间时，自然也会发生弯折，就像是用一个透镜短暂强化了背景黑星的亮度一样，这就是微引力透镜现象。从背景恒星的亮度变化幅度以及持续时间长短，就能计算出——又是借助爱因斯坦的广义相对论方程组——充当透镜的这个致密天体的质量。

OGLE 项目启动于 1992 年，截至目前已经发现了许多起银河系黑洞引发的微引力透镜事件。这些黑洞都是在恒星经历超新星爆发后留下的，质量超过托尔曼－奥本海默－沃尔科夫极限（大约是太阳质量的 3 倍）。不过，OGLE 项目团队报告称，他们还在银河系中心的方向（这个方向也穿过太阳系所在平面）上发现了 6 起持续时间极短的微引力透镜事件，"肇事"天体质量只有地球质量的 0.5—20 倍。如此低的质量意味着，它们要么是一群自由漂浮在宇宙空间中的流浪行星（孕育它们的恒星系统不知怎么把它们抛了出来），要么是一群**原初**黑洞。原初黑洞的概念目前还只是假说，这类黑洞形成于宇宙极早期，彼时的宇宙密度要比现在大得多。如果这是真的，那么它们应该就是现存最古老的黑洞了。理论上说，在宇宙的极早期，如果有足够多物质碰巧聚集在一起，是有可能形成这样的微型黑洞的。这个观点是斯蒂芬·霍金在 20 世纪 70 年代提出的。

朔尔茨和昂温在 2020 年发表的那篇题为"第九行星会是原初黑洞吗？"①的论文中指出，布朗和巴特金估测的第九行星质量（5—15 倍地球质量）与 OGLE 项目团队发现的微引力透镜事件肇事天体的质量（0.5—20 倍地球质量）相当接近，或许，这两者可以互为印证。或许，第九行星就是 OGLE 项目团队发现的微引力透镜事件肇事天体中的一员。它要么是原本自由飘荡的流浪行星，要么是一个原初黑洞，后来被太阳的引力拽到了现在的位置。

第九行星这颗假想中的大质量行星是如何出现在太阳系边缘的？"俘获说"（太阳引力把它拽到当前位置）只是一种可能的解释。其他解释包括：1. 它就是通过某种方式在现今轨道上形成的；2. 它形成于距太阳近得多的地方，后来向外迁移了出去。其中，第一种

---

① 在科学界，起这样的论文名绝对算得上标题党。新论文往往不太能引起我的兴趣，但我得承认，这篇论文以其标题成功勾起了我想要立即点开看看的冲动。

解释不太可能成立，因为太阳系边缘的物质密度不够高，即便有45亿年的演化时间也不足以让远方的这些微小岩石全部聚集起来，形成如此大的行星。第二种解释也有问题，因为如果该解释成立，我们首先得找到迫使它开始迁移的事件，之后还要找到使它停留在现今轨道上的事件，比如和碰巧经过的恒星发生了相互作用（碰巧经过的恒星总是能出现在各种解释中），但这也不太可能。既然这两种解释都各有问题，也无怪第九行星俘获说成为目前最受青睐的观点了。

行星系统形成模型告诉我们，行星在恒星周围形成的那段混乱时期，无数岩石碎块在引力作用下互相碰撞、结合甚至互相弹射，许多星子（也就是幼儿期的行星）在这片混战中被抛到了星际空间里。我们认为，2017年穿越太阳系、最近时距地球仅有24,200,000千米（也就是大约15,040,000英里，日地距离的16%）的奥陌陌就是这样的天体。鉴于宇宙的庞大、广袤（想想宇宙的空间距离都是以什么作单位的。还有，你得记住，宇宙是三维的，所以以刚刚想的这些距离单位都得作立方才能代表真实的宇宙空间），我们认为，奥陌陌横穿太阳系事件应当是极为稀少的，至于太阳要通过自身引力俘获这样的星际天体，那肯定就更加罕见了。不过，俘获的可能性高低都不影响假想中的第九行星到底是岩石行星，还是极其致密的原初黑洞。

第九行星是黑洞这个假说的确有精妙之处，因为它同时解释了为什么我们怎么都找不到它。这里说的不只是最近几十年里像宇宙动物园项目这样的搜寻活动，还包括了在之前几十年里最终发现了冥王星之外其他柯伊伯带天体的搜寻努力。毕竟，我们不仅不可能探测到来自黑洞的光，而且也不会有什么天体因离它过近而受到黑洞的直接影响。因为，如果第九行星真的是黑洞，而且质量为地球的 5 倍，那么它的事件视界直径就只有 9 厘米，差不多就是一个网球大小。

直径 9 厘米的圆。要是真有一个 5 倍地球质量的原初黑洞游荡在我们太阳系的边缘，那么它的大小就是这样。

好了，虽然我无比迫切地希望"第九行星是一个原初黑洞"这个假说为真，但它也带来了一个问题：极难找到能够证明它存在的证据。不过，如果它真的诞生于宇宙极早期，那么，在过去大约130亿年的演化中，它的周围应该也聚集了一些物质形成了"晕"。请注意，这种晕未必就是吸积盘，可能只是一团受到黑洞引力拉拽而在宇宙空间中朝着固定方向运动的物质，同时使得这一区域的密度比正常星际空间大得多。如果某个区域密度更大，那么其中的物质就更可能遭遇非常罕见的反物质。幸亏宇宙中的正常物质要远多于反物质，否则你这辈子见过的、知道的所有东西，包括恒星本身在内，都会不复存在。因为，当正常物质遭遇反物质时，它们会迅速湮灭，化为纯能量，并以γ射线的形式释放出去——γ射线正是最高能的光（电磁波）。

因此，如果太阳系真的拥有属于自己的宠物黑洞，那么我们应该就能借助目前在地球轨道上运行的γ射线望远镜探测到其所在区域释放的高能γ辐射。于是，搜寻第九行星不再只是可见光及红外线波段天文学家的任务了，γ射线天文学家也卷入了这股热潮。毕竟，光是想想离我们最近的黑洞只有几光时（而非几光年）之遥，就足以牵动所有天文学家的心——无论他头脑多么冷静。我个人的观点是，现在的理论证据已经颇有说服力，但或许，因为我本人是一名黑洞科学家，所以也难免会有倾向性。对我来说，要是真的家门口就有一个黑洞，那就是宇宙赠予我的最好礼物。

第十章

超大质量码的我*

---

* 　原文为"Supermassive-size Me",此处化用了美国知名记录电影 *Super Size Me*(中
译名《超码的我》,又译《大号的我》)的片名。——译者注

我发现自己几乎每天都会说这么一句话："每个星系的中心都有一个超大质量黑洞。"而且我说得是那么随意，就像是在说"天空是蓝的""地球是圆的""泰勒·斯威夫特（Taylor Swift）是我这代人里最好的作词家"一样。① 我想当然地认为，这是所有人都知晓的事实。然而，就在 50 年前，我要是提出这个论断，一定会引来怀疑的目光，或许还会招来物理学家同行的一两声大笑。科学界对这一观点的态度并不是一夜之间转变的，而是经历了几十年的时间。这再次提醒我们，科学理论并不是凭空冒出来的，它需要时间。②打个比方吧，科学家研究的课题就像是一张张小拼图，但拼图盒子的盖子上并没有拼完后的图片。换句话说，他们并不知道要往哪个方向发展。随着收集到的拼图越来越多，完整画面才逐渐显现。很多时候，起初看似毫无关系的拼图最终却严丝合缝地嵌合在了一起，于是就诞生了大家普遍接受的理论。

---

① "以诚实的名义，这么随意又残忍。"霉友们都知道。（这是泰勒·斯威夫特一首经典歌曲中的歌词。她的粉丝称她为"霉霉"，自称"霉友"。——译者注）

② 就像托尔金的《指环王》中，金雳（Gimli）对矮人们的形象描述一样。

超大质量黑洞这幅画面的第一张拼图出现于 1909 年。当时，一位名叫爱德华·法斯（Edward Fath）的男子在加利福尼亚圣何塞的利克天文台观测"漩涡星云"。①那个时候，人们用"星云"这个术语描述天空中一切看上去不像恒星的天体，囊括了天空中所有尘埃状或是看上去模糊的事物［在拉丁语中，星云（nebula）这个词的本义就是"云"或"雾"］。说回 1909 年，彼时的观点认为，宇宙就是银河系那个大小——毕竟，当时知道的最遥远的天体就是一颗位于太阳系边缘、距地球大约 10 万光年的恒星。因此，人们也很自然地认为，所有星云都在银河系内部，它们要么是巨大气体云孕育新恒星的地方，要么是恒星经历超新星爆发后把外层物质抛洒到空间中留下的遗迹。

借助夫琅禾费使用的那种光谱仪分解星云发出的光，就能得到它

① 我有幸也在这座天文台做过观测。那段观测之旅着实令我兴奋。利克天文台之所以选择建在这个位置，显然是因为当地不受光污染的清朗夜空。在抵达那里之前，我就盘算好了，在望远镜拍摄我研究的星系照片时（需要曝光 30 分钟），我就在户外铺块毯子，躺在上面，在加利福尼亚温和的夜晚凝视星空。抵达利克天文台后，我发现那里到处都是提醒访客当心美洲狮的告示牌。不过，天文台工作人员告诉我，不必担心，因为狮子其实很少见，而且基本只在它们的猎物（比如鹿）出现时才会现身。第一天晚上，我就决定鼓起勇气去户外看星星，但还是紧张不安地频繁朝周围那些黑漆漆的树木瞥几眼。结果，五分钟后，我就听到了沙沙声，并且看到三头鹿在星光下跃出树林。这本应是一幅美得令我惊叹的画面。而实际上，我却连气都不敢喘，掉头飞快地爬上观测大楼的楼梯，全力摆脱我认为一定会跟在鹿身后的美洲狮。在这次观测之旅剩下的时间里，我一直待在室内，直到天文台工作人员告诉我望远镜穹顶边缘有一处阳台可以目视星空。在说服自己美洲狮不可能跳那么高后，我终于找到了一个完美位置。我坐在阳台上，脚伸到外面，向后仰着身子凝望星空。

们独一无二的光"指纹"。于是，你就可以得知正在观测的这片星云由什么物质构成。不过，当我们用这个方法分解恒星星光时，得到的光谱会出现特定颜色（也就是特定波长）的间隙；但对于像星云这样的气体云，原本应该是间隙的地方却反而会出现额外的明亮斑块。恒星光谱上的间隙其实是各种元素的吸收线，而星云光谱上的这些明亮斑块其实是发射线（就像基尔霍夫和本生点燃硫黄时看到的那样）。

在第五章中，我们知道尼尔斯·玻尔解释了为什么每个电子只能在距原子核特定距离的轨道上运动。最重要的是，他还解释了为什么电子只能在有限个特殊位置上运动才能保证原子处于稳定状态。电子的轨道位置还告诉我们，它需要多少能量才能维持在该轨道上。这意味着，在原子周围特定轨道上运动的电子具有特定的能量。如果你给予某个电子额外的能量——比如邻近恒星的紫外光照射到电子上——它在获得足够的能量后，就会跃迁到下一条稳定的轨道（这就是恒星光谱吸收线的成因，当电子获取很多能量后，它会彻底逃出原子，从而让原子离子化）。此时，我们称这个电子处于"激发状态"，就像青少年第一次喝咖啡后无比兴奋一样。

不过，同青少年一样，原子内的电子本不该处于激发态，它们喜欢处于能量尽可能低的状态。因此，电子会尽可能快地丢失能量以回到原来的轨道。而且，丢失的能量与当初获得的额外能量总是相等的，因为电子只有处于特定轨道上才能让原子保持稳定。失去的能量就以光的形式呈现。因为每次丢失的能量相等，所以每次释放的光也相同（波长一致），即总是发出同一种颜色的光。氢元素会发出大量波长为656.28纳米的光，呈现出深红色。当我们用棱镜分解一大片由发光氢气构成的星云并得到其彩虹图样（光谱）后，再追踪各种颜色光的数量，就会发现波长为656.28纳米的地方出现了一个巨大波峰，就像钟乳石一样。

要想知道自己观测的是何种星云，关键就在于通过光谱仪分解出光谱并找到各种颜色的钟乳石波峰，它们代表着目标星云中哪些元素的含量较高。如果星云中含有很多氢，那你观测的很有可能是正在孕育新恒星的星云；如果它含有很多氧、碳、氮，那么你观测的星云很有可能来自一颗已死亡的恒星，那是它超新星爆发后留下的遗迹。

说回我们的那位法斯老兄。1909年，他正在研究另一种星云（"漩涡星云"）的光谱。法斯本以为这个星云或是超新星遗迹，或是孕育新恒星的氢气云，便耐心寻找相对应的光谱特征。结果，他发现，这个漩涡星云的光谱特征与前述两种情况均不吻合。相反，它的光谱反而有点像是星系团，即既含有氢元素的特征，也含有更重元素的特征（同时还有一些吸收线）。法斯当时观测的其实就是星系——由上百亿颗恒星构成的宇宙岛，就和我们所在银河系一样——但他本人并没有意识到这点。如果说，宇宙尺寸之谜也是一幅拼图的话，那么法斯的这个发现就是人类收集到的第一块碎片。多亏了20世纪头20年里亨利埃塔·莱维特（Henrietta Leavitt）、希伯·柯蒂斯（Heber Curtis）和埃德温·哈勃等科学家的工作，我们才最终测量得到了这些"漩涡星云"的距离。也正是到了那个时候，科学界才终于意识到，宇宙比他们之前想象的大得多，银河系也不再是小区里唯一的孩子了。

　　或许是因为这次观念转变意义实在太过重大，法斯的另一项观测成果被严重忽视了：他观测的这个"星云"光谱还具有与其他所有天体都不相同的特征。没错，它的光谱也有氢元素、氧元素和氮元素的特征，但比之前见过的一切天体都强得多、亮得多，就好像有额外的能量源导致它发光一样。我们现在知道，法斯不但在不自知的情况下观测了星系，还意外观测到了围绕超大质量黑洞运动的发光气体。当然，人们真正意识到这点已经是几十年以后的事了。我们常常称这种现象为"未知的已知"——总有些天体或现象，我们看到过甚至做过相关实验，但当时却错过了它背后的含义。这正是科学让我着迷的地方。在过去的几十年里，我们一定做了许多背后意义非凡的实验，但时至今日，我们仍未掌握足够的知识，所以未能听出它们的"弦外之音"。或许，这种情况在如今这个"大数据"主导的数据科学年代更有可能出现。计算机档案的角落里很可能埋藏着意义重大的关键信息，却始终没能引起人类的注意。

　　类似地，在法斯观测到星系光谱这个怪异特征之后的几十年里，以天文学家和天体物理学家为首的科学界人士因为被各种"更重大的问题"分了心，很大程度上遗忘了这件事。在1920年确定银河系绝不是宇宙的全部之后，他们的注意力转向了宇宙的起源方式。即便是在第一次世界大战期间，这股热潮也不曾中断，而且最终催生了大爆炸理论。该理论解释了宇宙在过去138亿年间是如何演化、膨胀的。这的确是一个非常重要、很有价值的课题，但或许也让我们对黑洞的认识推迟了几十年。直到1943年，美国天文学家卡尔·塞弗特（Carl Seyfert）才终于捡起了法斯的过程成果，并额外观测了6个拥有类似光谱特征的星系。他注意到，这些星系光谱中的氢发射线形成的并不是轮廓清晰、尖锐的波峰——相反，它的波峰似乎有些弥散，看上去不那么像钟乳石，反而更像是钟。

塞弗特提出，这种现象的成因是多普勒频移，也即光在远离或靠近我们时被拉伸或挤压。如果星系中的发光氢气正绕着某个天体运动，那么这些气体中有一部分会朝着我们运动，因而发出的光受到挤压，波长变短；同时，还有一部分气体会远离我们，因而发出的光被拉伸，波长变长。就是这一点把星系光谱中尖锐的钟乳石状波峰拓宽成了钟形。不过，这个观点真正睿智的地方在于：波峰拓宽的程度与氢气运动速度相关。并且，如果我们知道氢气的运动速度，就能知道它绕着运动的那个天体的质量。[1]

---

[1] 我在攻读博士期间正是用这种方法测量某些星系中心的超大质量黑洞的质量。此前，我在加纳利群岛的拉帕尔马岛用望远镜观测过它们。令我无比兴奋的原因，不仅是我终于从事了这项工作，更是因为我们人类真的有能力实现。要知道，通过这种方式测量数十亿光年之外超大质量黑洞的质量，需要整合人类这个物种目前获取的诸多化学、量子物理学和天体物理学知识。无论我在职业生涯中还要做多少次这样的测量，它都让我惊叹。

塞弗特的测量结果显示，这 6 个星系的多普勒频移都**很大**，前所未有的大。说到这里，你可能会觉得，人们总该开始意识到这些星系的某处隐藏着一个大质量天体了，否则无法解释它们光谱中的钟形波峰。然而事实是，此时人们掌握的知识尚不足以充分认识到塞弗特观测结果的意义。于是，又过了 20 年，理论物理学家才开始严肃对待黑洞的概念（即 20 世纪 60 年代末，斯蒂芬·霍金和罗杰·彭罗斯开展的工作）。

塞弗特的发现并不是战后唯一的天文学新成果。第二次世界大战期间，军方对收集远处微弱射电信号的需求促使射电技术实现巨大飞跃。战争结束之后，天文学家很快把这些射电天线对准了天空，全球各地陆续建起了配备射电望远镜的天文台，从英国曼彻斯特①和剑桥（休伊什和约瑟琳·贝尔正是在那里发现了第一颗脉冲星），到澳大利亚悉尼郊区。之后，天文学家不满足于仅收集地球表面的射电信号，又架设起越来越大的天线，以收集来自宇宙的微弱射电信号。射电天文学就这样诞生了。

---

① 考虑到曼彻斯特是英国最多雨的城市之一（这都怪该死的奔宁山脉降雨——来自大西洋的雨云撞上了横跨英格兰中部的奔宁山脉屏障，便戛然止步，把从大西洋里收集到的水分全部倾泻在英格兰西北部——在兰开夏郡乔利镇长大的我，实在是太熟悉这里的气候了），你可能会觉得这里绝不是一个建造望远镜的好地点。然而，这正是射电天文学的美妙之处：无需晴朗的天空也能做射电观测。射电波能够轻松穿过云层，否则碰上阴雨天，你就无法收听最喜爱的电台了。聪明的你或许已经想到，我们甚至可以在白天利用射电望远镜观测天空。不过，那条珍贵的经验法则仍旧适用："不要将射电望远镜对准太阳"，因为它的设计是为了聚焦微小的光碎片，而不是太阳光那种足以融化望远镜镜片的强烈光线。

利用射电望远镜探测到新天体之后，射电天文学家自然要给它们分类。正是在这个过程中，我们又得到了几块拼图。第一块拼图是，射电天文学家在人马座方向探测到了天空中最强的射电信号之一。其实早在1931年，射电天文学之父卡尔·央斯基（Karl Jansky）就探测到了人马座方向的射电信号。不过，真正给这个信号定位的却是两位澳大利亚天文学家杰克·皮丁顿（Jack Piddington）和哈利·米内特（Harry Minnett）。1951年，他俩借助一台位于悉尼波茨山的射电望远镜将这个信号确定为银河系中心方向上的一个亮点（在此之前，天文学家已经一致赞同银河系中心就位于人马座，因为朝这个方向看去能看到更多恒星——就像是相比看向郊区，看向市中心能看到更多灯光一样①）。射电天文学家发现的第二块拼图，是整个天空各个方向上都散布着大量发出射电电波的天体，而且这些天体的位置与之前在可见光波段发现的天体完全不同。于是，人们就开始好奇，是不是这些发射射电电波的天体离我们实在太远，所以它们发出的可见光昏暗到当时的光学望远镜探测不到。

第二次世界大战后，同射电天文学一道兴起的还有 X 射线天文学。后者起初借助气球和火箭展开探测。我们在本书第七章中知晓了贾科尼发现了天蝎座 X-1，约瑟夫·斯科洛夫斯基则解释了它产生 X 射线的机制：我们银河系内质量略高于太阳的黑洞（和中子星）周围

①　即便是天文学家，究明银河系的形状也不是件容易的事，因为我们就身在其中。这就相当于在不出家门的前提下绘制整座城市的地图！

物质的吸积。不过，随着 X 射线天文学的兴盛，科学家开始发现散布在整个天空中的其他 X 射线源。它们中有些极为昏暗，但能量又极高。要想解释这些极昏暗未知天体（称为"类星体"）发出的极高能 X 射线，就得用到大到不可想象的天体周围的物质吸积过程。1969 年，英国天体物理学家唐纳德·林登－贝尔（Donald Lynden-Bell）[①] 率先提出，极大已坍缩天体（比给银河系中天蝎座 X-1 供能的那个家伙大得多）的物质吸积过程可以解释类星体释放的极高能量，并且所有星系中心都会以这种方式坍缩。他甚至提出，我们的银河系中心或许也存在一颗"死亡的类星体"（即不再吸积物质的坍缩天体）。

最后解决问题的还是 1990 年发射升空的哈勃空间望远镜。它探测到了这些缀满天空的 X 射线源和射电源发出的可见光，并且确认它们实际上是距我们极远的星系。如此夸张的距离意味着，它们发出的 X 射线和射电电波甚至比我们最初想象的还要明亮，自然是远超几倍太阳质量的黑洞通过吸积过程产生的那些。实际上，天文学家将遥远距离的因素考虑在内并重新计算后，发现它们甚至比在银河系中心方向上发现的那些极昏暗 X 射线源还要明亮。于是，天文学家萌生了一个符合逻辑的推论：不仅在这些遥远星系里发生了极大质量天体的物质吸积，而且我们银河系内也存在这样的天体和

---

① 唐纳德·林登－贝尔是物理学界又一位大人物。他曾担任英国皇家天文学会会长。1972 年，霍伊尔理论天文学研究所和剑桥大学天文台合并，创办了剑桥大学天文学研究所，首任所长就是林登－贝尔。

吸积过程。因为我们在银河系中心方向上看不到任何符合条件的天体，所以最后干脆称其为"大质量黑暗天体"（MDOs）。之所以还是不愿直接称其为黑洞，部分原因是这个质量对黑洞来说实在太大了，简直可以说是**超大质量黑洞**了。

20世纪90年代，天文学家对"银河系中心到底发生了什么"这个问题的兴趣与日俱增。问题在于，银河系中心极难观测，因为有大量尘埃和恒星横亘其中，阻挡了视线。不过，希望并没有完全破灭：红外天文学闪亮登场的时代来了。红外光波长比可见光长，这意味着它可以轻松穿过微小的尘埃粒子，从而让我们窥见银河系中心。红外探测技术也启动了一项跨度以十年计的实验，主导者是加州大学洛杉矶分校美国天体物理学家安德烈娅·盖兹（Andrea Ghez）。她利用位于夏威夷莫纳克亚山①上的凯克望远镜跟踪观测银

---

① 莫纳克亚山是我从事天文研究后有幸造访的又一个地点。我在那里花了6天用加州理工学院的亚毫米望远镜（它的昵称是"高尔夫球"）做天文观测，然后又在海上浮潜了两天（要是不做天体物理学家的话，我应该会成为海洋生物学家吧）。莫纳克亚山高4207米（13,800英尺），所以在那里真的会有高原反应。晚上很难睡着（当然白天也很难睡着——有观测任务的时候，我们晚上观测，然后睡一整天），因为空气稀薄，身体总是认为摄入的氧气不够。你知道那种感觉吧？就是你在即将睡着的时候，感觉自己在下落而突然惊醒。事实证明，身体在摄入氧气不足的时候也会出现这种现象，也就是所谓的"肌阵挛"。等我回到平原地区后，一连睡了15个小时。高海拔导致的缺氧也会影响眼睛，因此，当步出望远镜楼、仰望星空的时候，会发现看到的星星比预想的少。那是因为大脑重新分配了珍贵的氧气，以保证内部器官的氧气供应。此时从氧气罐中吸入氧气，眼前会瞬间涌入上万颗原本昏暗的星星，效果简直可以称得上爆炸，就像是变魔术一样。但出于安全和健康的考虑，还是不推荐这么做。

河系中心恒星的位置。盖兹和她的团队成员记录下这些恒星的位置变化，以便计算出它们绕银河系中心运动的准确轨道。这就和我们看到太阳系内的小行星时做的工作一样：一夜接着一夜地观测它们的位置变化，接着再用得到的数据计算小行星绕太阳运动的轨道。通过研究银河系中心恒星的轨道，我们也可以计算出它们环绕运动的那个天体的质量。我们现在甚至已经看到其中一颗恒星以超过1100万英里每小时的速度在16年内完整地绕银河系中心一周。作为对比，我们的太阳绕银河系中心运行的速度"仅"有450,000英里每小时，完整绕银河系中心一周需要2.5亿年。

2002年，盖兹发表了项目成果，于是，天文学家们终于知道了银河系中心那颗黑暗天体的质量：是太阳质量的400万倍。同时，它所在的区域空间尺度相当于日地距离的16倍（参考天王星的轨道相当于日地距离的19倍①）。如此"小"（相对质量而言）空间内的如此大质量的天体，同时在所有波段都不可见，那就只可能是超大质量黑洞了。② 安德烈娅·盖兹也凭借这项成就与德国天体物理学

---

① 这里指的只是距银河系中心最近恒星轨道内侧的区域大小。这个超大质量黑洞的事件视界其实只是太阳直径的17倍。

② 不过，天文学界内部还是有很大分歧——自20世纪90年代初起就一直如此——部分天文学家认为它只是一个黑洞，还有一部分则认为它是一群黑洞。实际上，它只可能是一个超大质量黑洞，因为挤在如此狭小空间内的一群黑洞根本不可能处于稳定状态，会向各个方向弹射出黑洞。不过，老实说，一群黑洞挤在一起的场面竟然不可能存在，这多少让我有点失望！

家莱因哈德·根策尔（Reinhard Genzel）及英国数学家罗杰·彭罗斯分享了 2020 年诺贝尔物理学奖。根策尔是利用恒星轨道研究银河系中心天体的第一人，而彭罗斯则与斯蒂芬·霍金一道在 20 世纪 60 年代证明了黑洞必然存在。

超大质量黑洞吸积气体的机制解释了 20 世纪天文学家大惑不解的那些 X 射线和射电观测结果。那些遥远星系中心的黑洞质量实在太大，所以围绕着它们运动的过热气体温度极高，从而释放极高能 X 射线。气体被加热到这种极端温度，意味着连原子本身都碎裂成了组成它的各种粒子，于是，电子也不再束缚于原子核周围的轨道上了，形成了各种游荡在空间中的带电粒子。当它们穿过磁场时会释放射电波。就这样，超大质量黑洞这幅科学拼图完成了，它的吸积机制足以解释上述所有现象，并最终得到了一个学术气息很浓的名字，"活动星系核统一理论"。在我看来，这个理论又一次印证了关于黑洞概念的最大误解之一：黑洞不是"黑的"，是整个宇宙中最明亮的事物。它们是明亮璀璨、光彩夺目的物质之山。

如今，我们甚至有幸看到过热物质围绕黑洞运动的画面，也即那张著名的"橙色甜甜圈"照片。这是人类拍摄的第一张黑洞照片，主角则位于银河系邻居 M87 星系的中心。照片中的橙色光线代表着围绕黑洞运动的物质吸积盘发出的射电波。而黑洞则在这抹橙色辉光中投下了阴影。没有任何形式的光可以逃出阴影区域。对比一下画面中心和画面边缘的黑色阴影。画面中心阴影内的光无法抵达地球，是因为那里有宇宙中质量最大、密度最高的天体，它周围都是无比剧烈的天文活动。至于画面边缘的阴影，那里没有光是因为它是同一片宇宙中最寂静、最冷酷、最空旷的地点。每每想到此处，我总是感到不寒而栗。

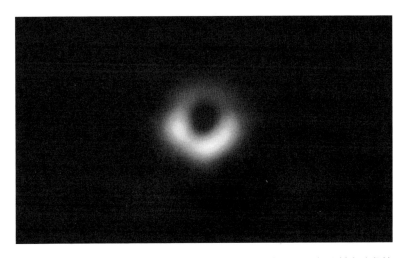

第一张黑洞照片，主角是黑洞 M87*。事件视界望远镜在 2019 年从射电波段拍摄了这张照片。

黑洞可不吸*

人们描述黑洞时，总是忍不住把它们想象成宇宙吸尘器，认为它会吞噬、吸入周围的一切。然而，这与事实相去甚远，因为黑洞压根不会吸。

想想我们的太阳系：99.8%的物质集中在中心，也就是我们的太阳。在太阳系中，太阳完全占据主导地位，其他太阳系天体的质量在它面前都可以忽略不计。即便是有"行星之王"[①]之称的木星，质量也仅占太阳系的0.09%。而我们的地球更是只占微不足道的0.0003%。尽管太阳的引力效应强大到了这种程度，从行星到小行星再到彗星的其他所有太阳系居民也都在愉快地围绕太阳运动，而不是"坠入"其中。按照广义相对论的解释，太阳只是弯曲了附近的空间，而行星则沿着这弯曲空间运动。要想让地球更靠近太阳一些，你就得想办法拿走地球的部分能量，以打破它目前所处的完美引力平衡状态。

黑洞周围的区域也是一样。当然，黑洞的质量很大，但它们占

---

① 太阳系行星家族里的王者是谁，多少还是有点争议的，比如我个人就最喜欢土星。

据的空间维度很小。还记得吗？我们前面提到过，如果太阳变成黑洞，那么它的史瓦西半径只有 2.9 千米。让我们花上一分钟，好好想想太阳要是突然变成了黑洞会发生什么。首先，我们应该很可能会注意到，有什么人把灯关了，但除此之外，我们应该不会察觉其他异常。地球的轨道根本不会发生变化，因为它围绕着运动的那个天体质量毫无变化。另外，地球与太阳（现在是黑洞了）之间的距离也不会改变，因此受到的引力也会保持不变。

然而，那些太靠近这个直径接近 6 千米的太阳黑洞的物体很可能就不会那么走运了。太阳黑洞附近的空间弯曲程度极大，产生的引力效应也以指数形式上升。不过，距离较远的天体就只会继续围绕这个理论中的黑洞运动，而且永远沿着相同的路径，周而复始。这就是为什么我说，虽然我们都在围绕着银河系中心的黑洞运动，但根本无需惊慌。只要你不是整天担心地球会落入太阳中，那么你现在应该可以睡个好觉了，因为银河系中心黑洞起到的作用实际上是像牧羊犬那样保证我们太阳系不会走丢，始终在银河系边缘运动。当然，太阳系也不会螺旋式坠入银河系中心，而是继续沿着现在的轨道惬意地绕银河系中心运动。坠入黑洞那末日般的画面永远不会成真。

实际上，**任何**事物想要进入黑洞都很不容易。看到这里，有些读者可能会问，那么为什么有些黑洞质量如此之大？以银河系中心的黑洞为例，它的质量大约是太阳的 400 万倍，事件视界却只比太阳直径大17倍。坐下来细想一下：那就是400万倍太阳质量的物质分布在水星轨道内侧。你或许会觉得，像这样的庞然大物吸积任何靠近的物质都易如反掌，但事实并非如此。天文学家在2014年初的发现就充分说明黑洞吸积物质远没有那么容易。

早在2002年，安德烈娅·盖兹的团队发表论文，证实银河系中心的那个大质量黑暗天体只可能是一个超大质量黑洞。也是在那一年，天文学家拍摄的银河系中心的画面上出现一些看上去有些奇怪的东西。后续观测证明，那是一团气体云。2012年，天文学家通过计算得到结果，这团气体云一定是在朝银河系中心那颗超大质量黑洞附近的危险区域前进。这对天文学家来说，绝对是一个千载难逢、一辈子都未必能遇上一次的观测机会，因为用道格拉斯·亚当斯的话说："太空很宽广。你根本没法相信它广袤无垠、漫无边际、令人张口结舌地宽广到什么程度。"①

就自身而言，天文学家并不真正做实验。或者说，整个宇宙就是我们的实验。我们在不同时间通过不同方式观测宇宙，细细查看它的变化方式。这意味着，如果你想知道物质太过接近黑洞时的行为，也无法人为设计实验迫使它发生。相反，你有两个选择：1.在计算机上模拟这种情形，并且祈祷自己没有遗漏或弄错其中涉及的任何物理学定律；2.等待几十亿年，观测到它真实发生。实际上，

---

① 出自亚当斯的经典科幻作品《银河系搭车客指南》。（译文摘自上海译文出版社，姚向辉译，2011年。）——编者注

名为"G2"的那团气体奔向银河系中心超大质量黑洞这一事件，不仅是一辈子都未必遇得到一次的观测机会，更是几十亿年才能遇到一次的机会。

因此，当这团气体云在接下去的两年中被慢慢撕裂之时，整个天文学界都屏住了呼吸。到了2014年，所有天文学家都在期待气体云被黑洞吞噬时绽放的绚烂烟花！然而，事与愿违，结果更多地让天文学家感到失落。安德烈娅·盖兹团队再次利用凯克望远镜证实G2气体云仍旧大致完整。此时，它与黑洞之间的距离虽然已经近至36光时（大约是这个黑洞事件视界尺度的2375倍），但已经不再继续接近黑洞。相反，相对完好的这团气体云开始绕着银河系中心运动。或许，有一颗恒星拽着它，从而抵挡住了黑洞的引力拉扯？谁知道呢。不过，这应该足以说明，黑洞并不是只管吸入物质的宇宙吸尘器。G2气体云已经接近黑洞到了我们之前从未见过的程度，但它仍旧没有"坠入"黑洞，就此成为后者的一部分。当然，相比原来，它现在的样子的确是有些惨——它现在看上去已经不像是一团云了，反而更像是飞机尾迹——但它确实活了下来，且不说未来能不能东山再起，至少也能在宇宙空间中永远飘荡下去。

每次思索这样的事件时，我总是喜欢把太空中的事物拟人化。我想象G2气体云拼命朝远离黑洞的方向飞奔，它心想着：唷，总算逃出来了！同时，它会警告碰巧遇上的其他气体云，千万不要靠近银河系中心的那片大象墓地。①就这样，G2气体云的故事流传开来，在随后的千百年里，小气体云的父母都会把它当成警世寓言："过得愉快，亲爱的。但千万不要离黑洞太近！你不会想像 G2 那样吧！"

不过，虽然 G2 气体云最后侥幸逃脱，但还是有不少同伴最终没能摆脱黑洞的控制。有些星系中心的超大质量黑洞比我们银河系的这个活跃得多，它们周围形成了我们观测到的吸积盘。构成吸积盘的物质原本像 G2 气体云那样一路奔向星系中心，但它们远没有后者幸运。相反，它们被黑洞捕获，永远只能在超大质量黑洞周围的轨道上运动。不过，正如我们刚才用太阳系的情况类比的那样，黑洞轨道上的这些物质也没有"被吸入"黑洞的危险。它们会继续愉快地沿着轨道运动，直到通过某种方式失去能量。

吸积盘密度极高。那里有大量气体以极快的速度运动。粒子（比如原子核，由于温度实在太高，原子核与电子分离，形成离子）间的碰撞非常常见。这类碰撞同台球比赛中球与球的碰撞类似。你用球杆击打白色主球，给它一些能量，接着，白色主球撞击其他颜色的球，把这股能量传递给后者。如果撞击得恰到好处，白色主球会在撞击其他球后失去几乎所有能量。当然，有时它也会带着之前的部分能量同其他球一起运动。

吸积盘中的粒子运动与此类似。随机碰撞可以转移能量，于

---

① 都是因为《狮子王》（*The Lion King*），大象墓地成了我能想到的最吓人的事物。

是，有些粒子的能量会高到足以朝远离黑洞的方向运动，同时从其他粒子那儿偷取能量并导致它们的轨道衰减。这样的随机碰撞事件发生得足够多后，总有粒子会完全丢失自己的能量，从而跨越黑洞周围可以保持稳定轨道的区域，扎进事件视界，增加黑洞质量。也就是说，黑洞最后吸积了这个粒子。

超大质量黑洞可能要花5亿多年才能以这种方式完成对吸积盘中半数物质的吸积，因为发生在黑洞周围的这个过程存在速度上限。相当讽刺的是，这个上限以阿瑟·爱丁顿（我们之前已经多次见过他了）的姓氏命名，也即"爱丁顿极限"。我们知道，爱丁顿本人长期固执地反对黑洞的存在。不过，公平地说，爱丁顿极限不仅适用于黑洞，同样适用于所有发光物体，包括全宇宙的恒星。

爱丁顿的研究重点始终是恒星及其内部。它们是怎么给自己提供能量的？他们究竟能产生多少能量？为了回答这些问题，他开始关注恒星抵挡自身坍缩趋势的方式。和开尔文一样，爱丁顿推论道，恒星要想让自身成为没有波动的稳定球体，一定要通过内部的某种供能机制释放足够的能量以平衡向内收缩的引力效应。由于恒星温度很高，大部分天文学家都很自然地认为，一定是热能产生了这种向外的推力。然而，爱丁顿提出了另一种机制：辐射压。恒星不仅温度极高，同时也在发光。它们发出的大量光也能产生向外的推力，从而抵御引力坍缩效应。

当光撞到别的事物时，也可以转移能量。理论上说，只要激光的能量足够大，也可以用它作台球杆。我热切地希望激光台球能在未来某天成为一项运动，但辐射压如今已实打实地投入了很多方面的应用，比如用"太阳帆"推动宇宙飞船。太阳光撞到太阳帆后，后者就会产生辐射压，从而推动飞船前进，这就类似于风帆受到风的压力而推动船前进。太阳帆并不是科幻小说中幻想的产物，而是实际存在的。2010年，日本宇宙航空开发机构（JAXA）就率先将这项技术应用到了他们的"伊卡洛斯"（IKAROS，太阳辐射驱动的行星际风筝）探测器上。这枚探测器拥有一张面积达192平方米的塑料膜，并且时刻面向太阳。伊卡洛斯以太阳辐射为动力，成功一路飞抵金星。[1] 太阳帆技术应用前景广阔，因为它不需要活动部件，也不需要任何燃料，以这种方式获取能量的航天器寿命会远超我们熟知的那些。

即便不用辐射压为探测器提供动力，全球各大空间研究机构也必须在开展太阳系探测任务时考虑辐射压的影响。例如，一艘标准动力航天器出发前往火星，太阳的辐射压也会推着它偏离预定轨道，导致后者以千米之差与火星擦肩而过。因此，现在的航天器在

---

[1] 按照日本宇宙航空开发机构的报告，伊卡洛斯探测器太阳帆受到的力是1.12毫牛顿，相当于一撮盐受到的地球引力。关键在于，太阳帆持续受到辐射压产生的力，探测器就可以始终保持加速状态并不断累积速度。在完全展开太阳帆6个月后，伊卡洛斯探测器的速度上升了100米/秒（也就是360千米/时），等到它抵达金星时，速度已经达到1440千米/时。作为对比，通过火箭获得速度的"帕克"号太阳探测器只花了不到两个月就抵达了金星，当时的速度接近60,000千米/时。

发射升空、愉快地踏上太空之旅时，方向都是微微有些偏的，因为科学家们知道，太阳光会把它们推向正确的路径。

因此，你绝对不能忽视辐射压产生的力。这种力不仅能为航天器提供动力，更是能在恒星核聚变期间提供足以抵御引力坍缩效应的外向推力。因此，在处于主序阶段的恒星内部，向内的引力效应同向外的辐射压力达成完美平衡，这就是"爱丁顿极限"。这个极限也同时决定了恒星可以达到的最大亮度，也即"爱丁顿光度"。一旦恒星亮度超过了这个上限，那么向外的辐射压力就会超过向内的引力效应，恒星就会以风或外流的形式失去部分外层物质。因为在恒星内部，辐射压力只需要抵御引力，所以爱丁顿光度与恒星质量直接相关。恒星质量越大，它们能达到的最大亮度就越高。

类似地，在黑洞周围的吸积盘中，辐射压也是一个重要因素。当物质落入黑洞周围的轨道后，后者的引力会让它们加速运动，同时温度也快速上升。在这个过程中，这些物质获取大量能量，最终开始向外辐射光。接着，光就会给那些有向内落入吸积盘倾向的其他物质施加向外的辐射压力。在完美的情况下，落向吸积盘的物质总量会同已在吸积盘内的物质总量达到平衡——前者产生向内的引力效应，后者产生向外的辐射压力。在这种情况下，黑洞就能以它能达到的最快速度生长，而这个速度显然受到爱丁顿极限的约束。当有大量额外物质落在吸积盘上时，辐射压力会以风或外流的形式把它们吹走。也就是说，当黑洞"饿"得眼睛比肚子还大时，大自然有控制机制，防止它们暴饮暴食：辐射压让吸积盘时不时地打个饱嗝。

同恒星一样，黑洞的爱丁顿极限也取决于它们的质量。黑洞质量越大，它的吸积盘就可以越明亮，黑洞就可以更快速地生长（因为"吸积率"更高）。一个质量达到太阳7亿倍的标准超大质量黑洞，爱丁顿极限（或者说吸积盘的最大亮度）比太阳高**26万亿倍**。[①]假设在物质落入吸积盘的过程中有大约10%的引力能被辐射出去，那么通过质能公式 $E=mc^2$，我们就能计算出，质量达到太阳7亿倍的黑洞最大生长速度为每年增加相当于3个太阳的物质。

然而，这只是理论上能达到的最大生长速度。实际上，只有10%左右的星系中心超大质量黑洞目前正在生长（也即拥有吸积盘）。其中大部分的吸积率还不到理论最大值的10%。以我们银河系中心的超大质量黑洞为例，它现在压根不活跃（幸好如此）。它向外辐射能量的速率仅是爱丁顿极限的千万分之一，也就是仅仅比我们的太阳亮几百倍。这意味着，它每年增加的质量只有太阳质量的百亿分之一。少得可怜。

如果现在有足够的气体涌向银河系中心的超大质量黑洞，那么从技术上说，它的生长速率会是现在的1000万倍。然而，这并没有发生，因为黑洞并不是只知吞噬一切的吸尘器。实际上，**它们根本**

---

① 这就是为什么超大质量黑洞周围吸积盘发出的X射线，会比星系中心附近数十亿颗恒星发出的可见光更早地被我们发现：万亿比十亿大了三个量级。

不吸。一定存在某种物理过程，会在物质太过接近吸积盘进而被黑洞引力俘获之前，就把它们引向绕银河系中心运动的某种轨道。仔细想想，黑洞确实不像吸尘器，反而更像是沙发靠垫：它们就安静地待在休息室里，毫不起眼，更不会主动吸入朝它们走近的任何事物。不过，要是你碰巧把什么东西移动到了沙发靠垫的边缘，它就可能从后面掉下去，就此永远消失。

第十二章

老星系现在不能接电话。

为什么？因为她死了*

辐射压力是个混蛋，它不仅阻碍黑洞发挥全部潜力，更会对周围星系产生巨大影响。超大质量黑洞周围的吸积盘"打饱嗝"时释放的物质可能具有极高能量，高到足以向星际空间发射规模庞大到超越所在星系宽度的射电喷流。天文学家在 2020 年 3 月发现的一个"饱嗝"就是人类迄今观测到的规模最大的射电喷流事件。它在星系间的气体中吹出了一个比银河系大 17 倍的空洞。这就好比是某人在英国打了个饱嗝，结果却在地球大气层中吹出了一个从纽芬兰一路延伸到中东地区上空的空洞！

　　如此微小的事物却能产生如此重大的影响，着实难以置信。我们先来谈谈其中涉及的尺度吧：银河系直径大约是 10 万光年，而它中心的黑洞直径大约只有 0.002 光年。这个尺度比例，就好比是整个地球中的一只足球。然后再想象踢一下这个足球就能影响整个地球，而这就是黑洞对星系的真实影响。当然，黑洞的质量也很大，要不怎么能叫超大质量黑洞呢？然而，相比星系总质量来说，它只能算是汪洋中的一滴水。按照现在的估算，银河系恒星总质量大约相当于 640 亿个太阳，但它中心的黑洞质量不过相当于 400 万个太阳。也就是说，银河系中心的这个超大质量黑洞质量仅相当于全银河系恒星总质量的 0.006%。请注意，这里说的还只是银河系所有恒星的质量，还没有包括那些我们看不到的天体，比如气体、行星、较小的黑洞和暗物质。要是把它们都考虑在内，也即银河系的真正总质量应当是太阳质量的 1.5 万亿倍，银河系中心黑洞的质量仅相当于它的 0.0002%。

因此，即便你能通过某种方式突然把这个超大质量黑洞从银河系中心移走，银河系也不会分崩离析。这可能让你觉得有些难以理解，毕竟银河系所有恒星都围绕着中心这颗超大质量黑洞运动。要是你能把太阳突然从太阳系中心移走，太阳系中的一切都会瞬间陷入混乱，这是因为太阳占太阳系全部质量的 99.8%（前一章已经提及）。一旦失去了太阳，就没有什么力能让八大行星保持在现有轨道上了，太阳系立刻解体。然而，只是把超大质量黑洞从银河系中心移走，剩下的星系质量仍足以让银河系其他天体基本保持现状（也就是所谓的"自引力"）。

不过，除此之外，超大质量黑洞与其所在星系之间的确存在内在联系：两者之间的质量比全宇宙都一样。1995 年，美国天文学家约翰·科门迪（John Kormendy）和道格拉斯·里奇斯通（Douglas Richstone）率先注意到了这个现象。在整理了银河系附近 8 个拥有活跃超大质量黑洞的星系（包括仙女座星系和 M87 星系）观测数据后，两人注意到，星系中心隆起区域（用天文学术语来说就是"核球"。你可以把星系想象成荷包蛋：星系的外缘像一个漂亮的漩涡状扁平圆盘，就好比是蛋清；星系中心则聚集了很多恒星，形成明显的隆起，就好比是蛋黄）的恒星总质量与中心超大质量黑洞的质量之间存在联系。平均来说，前者比后者大 1000 多倍。

当然，区区 8 个星系并不能代表全宇宙的星系——要知道，整个宇宙中星系的数量可能要以万亿计[①]——于是，天文学家就非常有必要测量更多星系中心的核球与超大质量黑洞的质量比，以证实这个关系是真实存在的。这就需要先计算出吸积盘发出的光的多普勒频移，以得到超大质量黑洞的质量。接着，还要建模计算出目标星系恒星星光的分布情况，以得到核球的质量。根据看到的光的总量，你可以提出一种"质光比"的概念，也就是确定：如果看到了这么多光，那么必须要多少恒星才能产生这个效果？要想做到这点，就必须先知道星系内各种质量恒星的典型分布（简单来说，就是确定有多少大质量恒星，又有多少小质量恒星）。准确完成上述所有测量可不是件简单的任务，但截至 1998 年，天文学家还是成功估算了另外 32 个星系核球的质量。这要归功于北爱尔兰天体物理学家约翰·马格里安（John Magorrian）。他当时正和这个领域的大师、多伦多大学的加拿大天体物理学家斯科特·特里梅因（Scott

---

① 不过，天文学界有一个流传已久的笑话：三个数据点就足以画出一条线。这个笑话是有历史原因的：在天文学步入现代之前，观测数据极为稀缺，又很难获取。

Tremaine）一起工作。① 如今，马格里安在牛津大学担任理论天体物理学系副教授。② 他俩通过当时刚刚发射升空（并修复）的哈勃空间望远镜证明了星系核球与超大质量黑洞 ③ 之间的确存在这样一种关系（用天体物理学行话来说，这还是一种相当严格的关系），前者质量是后者的大约 166 倍 ④（银河系是个例外，因为我们星系中心的超大质量黑洞远比你想象的小）。

我们现在把这个关系称为"马格里安关系"。它就像是发现了一块化石，然后便知晓了一些地球生命如何演化的新知识。马格里安关系向我们展示了星系和黑洞在过去的 138 亿年间是如何演化、成长的。关键就在于星系核球，那个位于星系中心的蛋黄。宇宙诞生之初的混沌甫一落定，星系就开始出现了。大多数星系刚诞生时都像是一个扁平的圆盘，其中的所有恒星都在同一个平面上沿同一个方向有序运行。然而，如果两个星系在引力的作用下碰到了一起，它们就可能发生合并，质量也随之翻倍。在这个过程中，恒星的轨道会受到扰乱，星系原本漂亮的漩涡状外形也会受到影响。在频繁

① 所有研究星系的天体物理学家手头都有一本詹姆斯·宾尼（James Binney）和斯科特·特里梅因的《星系动力学》（Galactic Dynamics）。可以说，这本书就是我们的圣经。很多争议都可以这样快速解决："宾尼和特里梅因怎么说？"
② 我现在开始意识到，撰写一本涉及自己同事的书有多么奇怪。
③ 有意思的是，即便当时已经是 1998 年，马格里安仍旧用大质量黑暗天体（Massive Dark Objects, MDOs）称呼它们。这再次清楚地表明，黑洞这个天体物理学研究领域尚处于幼年阶段。
④ 原文是超大质量黑洞是星系核球质量的 166 倍，疑为笔误。——译者注

的引力相互作用下，有些恒星失去了能量，落向星系中心。就这样，无数恒星聚集在那里，形成了密度极高的核球。核球中的恒星轨道所在平面、运动方向都各不相同，就像一群四处乱飞的蜜蜂。

当两个星系合并的时候，它们中心的超大质量黑洞也会合并①，质量也会相应增加。不过，就像恒星经过相互作用落入星系中心一样，气体粒子也是如此。它们会汇聚到黑洞的吸积盘上，促使后者不断生长。因此，星系合并时，星系本身和它中心的超大质量黑洞会协同生长。天文学家认为，这就是星系核球与中心黑洞间马格里安关系的起源。这种观点就是星系与黑洞的"协同演化"。我和同事布鲁克·西蒙斯（Brooke Simmons）和克里斯·林托特一道观测了一些没有核球的星系（这也意味着它们没有经历合并过程），结果发现，它们中心的超大质量黑洞同那些经历过合并的质量相当。接着，我们又与一些模拟非合并星系生长的理论天文学家朋友合作②，发现非合并星系的生长机制可以解释全宇宙大约65%的超大质量黑洞的生长。因此，合并很可能不是驱动超大质量黑洞与其所

---

① 顺便一提，即便是在星系合并过程中，两颗恒星发生碰撞的概率也小到可以忽略不计，原因是我们一再提及的"宇宙很大，真的很大"。

② 也就是活动星系核－视界（Horizon-AGN）模拟团队，其成员包括加里斯·马丁（Garreth Martin）、苏伽塔·卡维拉吉（Sugata Kaviraj）、朱利安·德莱恩特（Julien Devriendt）、玛尔塔·沃伦特里（Marta Volonteri）、尤翰·杜布瓦（Yohan Dubois）、克里斯托弗·皮雄（Christophe Pichon）和里卡尔达·贝克曼（Ricarda Beckmann）。其中，里卡尔达和我都是在牛津大学读的博士。我们还做了两年室友，如今又在科研过程中合作。毫无疑问，我俩一直是好朋友。

在星系之间马格里安关系的主导因素。至于这个主导因素究竟是什么，我还需要一点时间才能研究清楚！①

无论导致马格里安关系的机制究竟是什么，有一点都是可以肯定的：如今，我们已经证实，大量星系都满足这一关系。这要归功于大型天文观测项目积累的数据。在这类项目中，望远镜并不是等到全球各地天文学家为了手头的研究向它们发出指令②，才开始观测特定的某些天体。相反，它们一夜又一夜地观测整个天空，慢慢拼凑出全天星图。每巡视一遍，它们就能发现更加暗弱的天体。于是，研究人员就可以建立一个庞大的目录，记录下该望远镜可以看到的所有恒星和星系的位置、图像和光谱。斯隆数字化巡天（SDSS）③就是这类项目中规模最大的之一（也是全球天文学家参与数量最多的之一），它使用阿帕奇天文台（位于美国新墨西哥州萨克拉门托山脉中部）的 2.5 米口径光学望远镜。2003 年，斯隆数字化巡天项目发布了第一批观测数据，观测对象是散布在北半球天空

① 记住，科学需要时间，还需要资助。有没有大学愿意为我提供奖学金或是永久教授职位，让我能够心无旁骛地潜心研究这个问题？我知道，知道，我是个脸皮极厚的博士后。

② 虽然我说的是"等待天文学家发出指令"，但实际上，申请使用专业望远镜是一个相当漫长的过程。而且，如果望远镜的"档期"很满，甚至无法保证你一定申请到以及能申请到多长时间。就拿位于智利的甚大望远镜来说吧，它的档期就非常非常满，平均每轮观测申请只有 1/8 的中标率。

③ 以小阿尔弗雷德·斯隆（Alfred Sloan Jr.）在 1934 年创立的阿尔弗雷德·斯隆基金会命名。当时，小阿尔弗雷德·斯隆是通用汽车公司的董事长兼首席执行官。这个基金会向科学、技术、工程学领域的各个有价值项目提供资助。

的 134,000 个星系，其中包含 18,000 多个类星体。截至 2009 年，这个项目观测的星系数量已经逼近 100 万，类星体数量则超过 10 万。

正是通过像斯隆数字化巡天这样的项目，大数据统计学领域向天文学家敞开了大门。借助海量可靠的数据，我们才能研究各种类型的活跃黑洞，进而分析它们对星系的真实影响。斯隆数字化巡天的观测结果有力支持了马格里安关系，但同时也表明，超大质量黑洞的质量不仅与所在星系中心区域的质量有关，同样也与所在星系的总恒星质量相关。另外，大型巡天项目还发现，大质量星系的数量远多于小质量星系，极大质量星系更是少得可怜。这类星系已经只剩下核球部分了。它们经历了太多次合并，漩涡外形彻底破坏，只剩下那么一大团。[1]

我们把不同质量星系的数量分布称为"光度函数"（因为星系的光度与质量存在内在联系，而光度是我们可以直接测量得到的）。要想知道这个函数的形状，你首先得知道星系是怎么形成的，之后又是怎么演化的。20 世纪 70 年代末，英国天体物理学家马丁·里斯（Martin Rees）和西蒙·怀特（Simon White）以及美国人杰里·奥斯特里克（Jerry Ostriker）[2]率先尝试预测是什么导致小质量

---

[1] 用天文学术语来说，这类星系应该叫作"椭圆星系"，但我还是喜欢描述它们是"一团"，尤其是因为用这个词时，我脑海里总能响起罗万·阿特金森（Rowan Atkinson，憨豆先生的饰演者）的声音。

[2] 杰里·奥斯特里克是著名美国诗人艾丽西亚·奥斯特里克（Alicia Ostriker）的丈夫，后者以犹太女性为主题创作的诗歌脍炙人口。

星系与大质量星系之间的数量差异。这三个人是绝佳的晚宴组合。里斯是现任皇家天文学家，之前担任过剑桥大学三一学院院长、皇家学会主席。怀特当时是剑桥大学博士生，后来就一直担任位于德国加兴的马克斯·普朗克研究所主任。奥斯特里克于 20 世纪 60 年代末在芝加哥大学获得博士学位——他当时的导师正是苏布拉马尼扬·钱德拉塞卡（计算出白矮星质量上限的那位），之后陆续在剑桥、普林斯顿、哥伦比亚担任天体物理学教授，同时还在普林斯顿大学担任过一段时间的教务长。毫无疑问，这三位都是物理学界的大人物。他们共同提出了一个模型，解释了在宇宙诞生之初气体云开始冷却（如果气体云温度过高，它就可以抵御向内的引力坍缩效应，密度就不足以孕育恒星）之后星系是如何形成的。

里斯、奥斯特里克和怀特认为，光度函数中大质量星系数量锐减，是因为只有大质量气体云才能形成大质量星系。他们推断，宇宙存在的时间还不够长，许多大质量气体云还没能冷却到足以形成星系的程度。在里斯三人发表这一冷却气体云模型后的几十年里，无数天体物理学家前赴后继地为其添砖加瓦，使其囊括了许多气体云合并的情形以及新生恒星对星系形成的影响（新生恒星也会释放热量，从而阻碍气体云进一步冷却）。进入 21 世纪，天文学家已经拥有了一个比较符合实际情况的模型。最关键的是，计算机的性能也已经强大到足以模拟星系形成和演化的过程了。

接着，我们就可以直接将计算机模拟出来的宇宙与观测到的真实宇宙作比较，从而检验理论是否正确。例如，我们只需数出计算机模拟宇宙中各种质量星系的具体数量，再将其同现实情况作对比，就能知道光度函数的形状是否正确。结果，天文学家发现计算机模拟的结果与真实宇宙完全不同：在模拟结果中，大质量星系的数量要比真实情况多得多。这意味着，模拟过程中一定遗漏了某些因素：要么是编入模拟过程的物理学定律出了问题，要么是没有考虑到某些同样会影响星系形成的过程。

走在这类计算机模拟研究前沿的是一群任职于杜伦大学计算宇宙学研究所的天体物理学家，其中包括卡洛斯·弗伦克（Carlos Frenk）、塞德里克·莱西（Cedric Lacey）、卡尔顿·鲍夫（Carlton Baugh）、肖恩·科尔（Shaun Cole）、理查德·鲍尔（Richard Bower）和安德鲁·本森（Andrew Benson）。[①] 他们在共同研究后意识到，计算机模拟中缺失的过程就是由超大质量黑洞周围吸积盘辐射压驱动的外流给星系注入的能量。2003 年，他们成功将这一过程纳入计算机模拟中，并且成功得出了光度函数中大质量星系数量锐减的结果。

现在的理论认为，超大质量黑洞在吸积过程中产生的辐射流和物质流要么会加热气体（这样，气体云就不能进一步冷却，进而在

---

① 我在杜伦大学读本科时，弗伦克、莱西、鲍夫和科尔都曾经给我上过物理课。能够得到走在学术前沿的专家的亲自教导，可谓学生时代最美好的事之一。只可惜，当时没有充分意识到这一点。

坍缩后孕育新恒星），要么干脆把气体全部喷出星系之外。无论是哪种情况，最后都会导致星系很快就不再孕育新恒星，至少在那些拥有极大质量黑洞的极大质量星系中是这样。我们把这个现象称为"反馈"效应，因为星系"喂养"了黑洞，而黑洞又反过来将能量扔了出去，并且对星系的进一步生长产生了负面效应。可以说，星系是搬起石头砸自己的脚。我们认为，正是这种反馈效应驱动了星系及其中心黑洞的协同演化，导致两者互相制约，任何一方都不会长成巨无霸。

后来，又有许多研究团队在计算机模拟中再现了杜伦大学团队的结果，于是理论天体物理学界就接纳了这个"反馈假说"。问题在于，对我们这些从事观测也就是借助望远镜收集真实宇宙数据的天体物理学家来说，还没有找到任何支持这一假说的证据。严格来说，我们的确在某些个例中观察到了吸积盘的外流（或喷流）对星系产生负面效应（有时，这些喷流甚至会形成冲击波，从而压缩气体，推动恒星的形成，也就是反而起到"正反馈"效果），但还没有在大规模研究（比如基于斯隆数字化巡天项目提供的海量数据开展的研究）中观察到这点。只有实现了后者，我们才能对宇宙的整体情况作判断。这正是我研究的另一大重点，占用了我一半的科研时间。除了研究黑洞本身之外，我努力寻找支撑"负反馈"理论的统计学证据，就像所有前辈一样，努力为天体物理学大厦添上我自己的小小砖瓦。

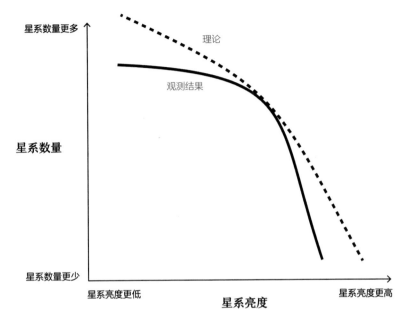

这幅"光度函数"插图展示了我们观测宇宙后实际统计出来的各种亮度星系的数量（实线）以及计算机模拟的最初结果（虚线）。通过对比，不难发现，最初的模拟结果高估了高亮度星系和低亮度星系的数量，只有中等亮度星系的数量吻合。这表明，最初的模拟程序遗漏了一些相关物理过程。

　　有一个方法可以判断处于活跃状态的超大质量黑洞产生的外流是否对星系产生了影响，那就是观察它的颜色。我们从本书前几个章节就已经知道，质量最大的蓝色恒星寿命要比小质量的红色恒星短得多。因此，如果你观察星系整体的颜色并且发现它很蓝，那就意味着这个星系一定是最近才孕育出了新恒星。反过来，如果某个星系整体上呈红色，那么你就知道这个星系已经存在了不短的时间，所以其中的大质量恒星已经死亡并经历了超新星爆发，只剩下质量更小、寿命更长、颜色更红的恒星，就像火堆的余烬散发出红光一样。我们用"红色和死亡"描述那些不再孕育新恒星的星系。有意思的是，我们发现其中大约70%都是庞大的团状星系（椭圆星系）。① 因此，从星系的颜色就能推断出它的平均恒星形成速率——每年孕育多少新恒星。

2016年，作为我博士研究项目的一部分，我从整体角度探究星系恒星形成率与星系中心是否存在活跃超大质量黑洞有关。当我发现拥有活跃超大质量黑洞的星系的确和缺少活跃超大质量黑洞的星系存在差别时，很是兴奋。那个时候，我都准备好爬上屋顶高声疾呼：我找到了天体物理学家一直在寻找的证据。不过，我马上又记起了每个学科学的学生都被灌输的一条法则：相关关系不代表因果关系。

举个例子，冰激凌和墨镜的销量存在相关性。可是，你会一戴上墨镜就立刻想吃冰激凌吗？又或者，你会一吃冰激凌就想戴上墨镜，好让自己变得和冰激凌一样清凉吗？答案显然是否定的。冰激凌和墨镜的销量之所以相关，是因为它们都是由温暖、清朗的天气引起的结果。想到这一点，我就意识到我的发现只能证明某些星系

---

① 在20世纪的大部分时间里，学界普遍认为，所有红色星系都是团状的。后来，英国天体物理学家卡伦·马斯特斯（Karen Masters）和星系动物团队研究斯隆数字化巡天项目拍摄的照片后发现，大约30%的红色星系其实是漩涡状的。所以，星系合并并非星系不再孕育新恒星的必要条件。

在拥有超大质量黑洞的同时也停止孕育恒星——可是，完全有可能存在另一种过程可以同时导致这两种现象。例如，可能存在某种过程既能加热气体（从而阻碍恒星形成），又能让气体汇聚到星系中心以"喂养"黑洞。或许，两个星系的合并就能做到这一点？抑或是其他我们还完全不了解的机制？

因此，我现在在研究中着重寻找超大质量黑洞反馈效应的确凿证据，也即某些确定由黑洞吸积盘外流本身导致的现象。为此，我加入了一个由各国天体物理学家组成的国际合作团队，他们使用的望远镜正是当初开展斯隆数字化巡天项目的那台。它最近刚完成了一个叫作 MaNGA 的新观测项目。[①] 这个项目的研究方式并非一次拍摄一张整个星系的照片，而是对每个星系拍摄 100 多张局部照片最后拼接起来，并且以这种方式研究整个天空，每块天区内的星系数量都超过 10,000。这样一来，我们就不必再委屈地只用一次观测分析这类由数十亿恒星组成的复杂系统，而是能够窥见星系的内部

---

① 这个项目是美国天体物理学家凯文·邦迪（Kevin Bundy）的智慧结晶。他现在是加州大学圣克鲁兹分校助理教授，也是我们这个 MaNGA 项目团队中最优秀的一位。我第一次见凯文是在墨西哥科苏梅尔岛上一座应有尽有的度假村召开的会议上。那儿的酒店里设有泳池，泳池边上还有吧台。而我们这些博士生（我当时就是博士生）迫切地希望给那些学术前辈留下好印象，所以不约而同地无视了吧台，而且参加了每一场学术研讨会。然而，我们很快就意识到，这次会议上同前辈们建立联系的最佳方式就是去泳池边上的吧台，而不是去学术研讨会，显然所有资深学者都对那儿的吧台情有独钟。我还记得我当时端着一杯椰林飘香，爬出泳池，走到一群正在闲聊的学者中间，向我旁边的那位学者介绍说："嗨！我是贝基！"那人回道："你好，我是凯文·邦迪。"我惊讶得差点被饮料呛到。

工作机制，从而有可能解答那些至今仍困扰着天文学家的星系演化之谜。

我在 MaNGA 合作团队中的任务是追踪超大质量黑洞对星系的反馈效应。具体来说，我研究的问题包括：给定区域内的恒星形成率是否同其与星系中心黑洞的距离相关？超大质量黑洞吸积盘产生的能量喷流在星系中扩散时，是否会导致邻近区域恒星形成率下降？如果这种效应确实存在，那么它是否在那些中心黑洞质量更大的星系中更为显著？这些都是我整天苦思冥想的未解问题。它们很复杂，研究起来很容易因为缺乏进展而倍感受挫。不过，科学突破就是这样，不可能在一夜之间突然迸发。本书中介绍的科学发展史其实就很好地证明了人类这个集体是如何通过缓慢但稳定的知识积累最终赢得这场科学竞赛的。

假以时日，我和同行会将目前积累的数据分析清楚，并正式发表研究结果，携手为黑洞这幅巨大的科学拼图嵌上我们发现的那一块。超大质量黑洞在吸积过程中释放的能量外流究竟是不是导致它们所在星系停止孕育新恒星的原因（从而让我们给这些星系贴上"红色且死亡"的标签）？无论答案是肯定的还是否定的，"残害"星系的凶手一定存在。而我们这些天体物理学侦探必定会一查到底。

第十三章

明天的到来不可阻挡

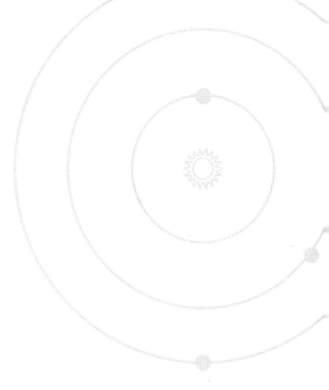

每个人都有自己最喜欢的词语。那种元音、辅音和嘴型的结合总能通过某种方式激发出愉悦的心情。托尔金最喜欢的词语组合或许是"地窖的门"（cellar door），而英语中我最喜爱的词语莫过于"意大利面化"（spaghettification）。我的嘴巴必须加倍努力才能发出这个词的音，手指必须在键盘上翻飞一阵才能在屏幕上打出这个词，大脑也必须高速运转才能记住这个词的拼写。[①] 不过，我敢打赌，你在说出这个词时肯定不会笑出声，甚至还会发现自己有点像肖恩·康纳利（Sean Connery）！

虽然"意大利面化"这个词听上去很像是我为了找乐子而生造出来的，但事实上它是一个货真价实的天体物理学术语，用来描述黑洞引发的一种现象。看过前面这些章节后，相信这些关于黑洞的知识可以让你像我这样心潮澎湃。你甚至可能已经开始好奇未来是否有可能去黑洞旅游，哪怕只是靠近黑洞，在事件视界之外瞥上一眼。好吧，我现在就要给你泼一盆冷水：不要再有这种想法了，因

---

① 研究宇宙问题很是困难，研究语言问题就更加艰难了。

为一旦你靠近黑洞，就会意大利面化。

黑洞附近的引力效应实在太过强大，一旦你以头朝向黑洞的方式坠落进去，头部受到的黑洞引力会远超脚部，结果就是你的整个身体会像《超人特工队》（*The Incredibles*）里的弹力女超人一样被大幅拉伸。那个时候，你看上去可不会像人了，反而更像是一根意大利面，甚至是一条径直延伸到黑洞中心的细长原子链条。我们已经在像 G2 这样的气体云身上看到过这种现象。它们在靠近银河系中心黑洞时意大利面化。其实恒星也是如此，一旦靠近黑洞，就会从几乎完美的球形拉伸成细长形。

这全都是因为黑洞周围的引力强度梯度。离黑洞足够远时，它的引力效应并不会同恒星乃至行星的引力效应有什么区别。不过，一旦太过接近黑洞，物体受到的引力拉扯会呈指数式增长。正是黑洞这种陡峭的引力梯度变化导致了意大利面化。你可以想象自己处在一座非常陡峭的水滑梯顶部，双手抓着相对平坦的地方，可脚已经坠在底部，超出了水滑梯的边界。奇怪的是，虽然无论何种质量的黑洞都足以导致靠近的物体意大利面化，但你更应该警惕的反而是那些小质量黑洞，而非超大质量黑洞。

这是因为，大质量黑洞的事件视界更大，虽然这意味着它的引力影响范围要比小质量黑洞大得多，但引力强度梯度却反而不会像后者那么陡峭——除非真的非常靠近黑洞，而对超大质量黑洞来说，这个可以免于意大利面化的距离有时甚至已经处于事件视界之内了。然而，小质量黑洞的事件视界更小，引力强度梯度在事件视界之外就会变得非常陡峭。换句话说，小质量黑洞的引力效应本身确实没有大质量黑洞那么强，但是，当你不断接近它时，小质量黑洞的引力强度变化要比大质量黑洞迅速得多。我们还是拿山来类比，小质量黑洞的最高海拔低于大质量黑洞，但它的坡度比后者陡峭得多，所以攀爬起来也会困难得多。

再给喜爱滑雪的读者做个类比，接近小质量恒星的过程类似于你原本一直在平坦的越野地上滑着，然后突然眼前就出现了一个极为陡峭的黑钻难度坡道，难度大到足以令你受伤。万幸的是，此时还能指望滑雪缆车带你脱离险境（因为在这个类比中，你还尚未跨过这个小质量黑洞的事件视界）。另一方面，接近超大质量黑洞的过程就好比是你在坡度和缓的初学者雪道上滑行了很久，然后才逐渐过渡到中等难度的蓝色雪道、高难度的红色雪道，最后才来到坡度极大、危险系数极高的黑色雪道。在超大质量黑洞的情形中，等到你进入黑色雪道才意识到危险已经为时已晚，因为没有滑雪缆车可以带你脱离险境，你能做的就是任凭身体坠落，听天由命。我们银河系中心的黑洞显然属于超大质量黑洞的范畴，这就是为什么2014 年 G2 气体云接近银河系中心黑洞时出现了一点意大利面化的症状，但最终还是逃过了黑洞的魔掌（就相当于它在进入黑色雪道前就乘坐滑雪缆车逃离了）。

因此，如果你真的极其渴望体验一下意大利面化的感觉，那么理论上你应该在尽可能接近小质量黑洞后设法逃脱。不过，经历这么一遭，即便你最后真的能够逃离黑洞，整个人的样子也会发生不可逆转的巨大变化。这应该就是你"落向"黑洞时的感受，但是，在这个过程中，你究竟会看到什么呢？假如你通过某种手段成功抵御了黑洞的拉伸效应，就假设你搭乘着某种能够抗意大利面化的宇宙飞船吧①，透过舷窗你可以看到什么？多亏了广义相对论，我们可以通过公式计算出这个问题的答案，无需任何宇航员作出牺牲。

首先，我们得假设黑洞并没有在吸积物质，否则，光是吸积过程产生的高能辐射就足以杀死（至少是致盲）坐在宇宙飞船舷窗边的你我。其次，如果距离太远的话，你也看不到什么。毕竟黑洞密度极高，这意味着它的尺寸极小，所以你在远处恐怕看不到黑洞。于是，我们不断接近这个目标黑洞，最终注意到一个内部完全没有光的黑暗圆圈，这就是黑洞的事件视界。

到这里，情况还算正常，可如果你继续接近黑洞，就会开始怀疑大脑是不是在开玩笑了。黑洞可以极大程度扭曲时空，足以影响它们背后、附近的光的传播路径，从而影响你的空间感。接近宇宙中的正常天体时，随着距离的缩短，它们在舷窗中的样子会越来越大，两者呈正比关系。就以从地球出发去月球来说，当你飞到两个天体的中间时，月球在你眼中的大小会是从地球上看去的两倍。然

---

① 专利还有待申请。

而，由于黑洞周围的光线传播路径被严重扭曲，黑洞在我们眼中的形象变化显然不会像月亮那样。

黑洞有点像是河豚，它们都会让自己看上去比实际更大。黑洞会将背后的恒星星光弯折到两侧，于是，没有光线经过的区域（被黑洞挡住的区域）看上去就比实际更大了。你越是接近黑洞，这种现象就越发明显。当你与黑洞之间的距离只相当于10倍事件视界时，黑洞会完全挡住你从宇宙飞船舷窗看向外面的视线。做个比较吧，当你与月亮之间的距离相当于月亮直径的10倍时，月亮在你眼中的大小就相当于你水平伸直手臂时看到的拳头大小。

要是再继续接近黑洞，它就会在你的视野中越变越大。因为黑洞会持续不断地弯折光，把光从你身边推走，黑暗会从各个角度慢慢吞噬你搭乘的宇宙飞船。此时要是回头，你看到的就不仅是来时的景象，还有黑洞背后的景象——黑洞背后的星光经过弯折抵达你的眼球。这种360°视角会在你接近黑洞的过程中形成一个不断变小的圆，等到进入事件视界后蜕变为一个光点。整个宇宙的光都经过弯折进入你的眼球，让你最后瞥一眼，回望一眼，然后你就要进入那完全未知的领域。

跨过事件视界之后会发生什么，我也不知道，所以没办法告诉你。你会堕入永恒的黑暗，还是进入夺目的光明？是否还存在一种类似恒星的天体，只是它是由我们一无所知的奇异物质构成，并且由另一种形式的简并压力对抗引力坍缩效应，换句话说，恒星演化到白矮星再演化到中子星后是否还有什么别的阶段？所有那些被困在事件视界之外的物质是否在经历了数十亿年后变成了纯能量？真正的奇点是否存在？所有这些问题的答案，只有跨过事件视界的你才能知道，但你永远无法同我们分享你见到的一切。

一旦越过事件视界，所有方向都会是"向下"的。哪怕你掉头沿来时的路走，所有路径的终点都会是黑洞的中心。此时，你或许会惊恐不安地加速朝反方向跑，以期远离黑洞中心，但这么做其实只会让你更快地接近黑洞中心。根本没有逃出去的路，你一定会进入黑洞中心。在这里，时间和空间合二为一，所以未来是空间的方向，而非时间的方向。你搭乘的宇宙飞船也救不了你，就像它无法阻止明天到来一样。

不过，上面说的这一切都是你的视角，是你进入黑洞时看到的景象。那么，如果你有个朋友待在安全距离之外观察你落入黑洞的过程，他会看到什么呢？或许，你可以设计某种系统，它像灯塔一样每分钟发出亮光，好让朋友知晓旅程中的你目前安好。然而，对于身在宇宙飞船中的你来说，亮光是每分钟发出的，但你的朋友看到的情景却并非如此。由于你不断接近黑洞及其强大的引力效应，时间流逝速度会与远在安全距离之外的朋友完全不同。你感受到的一分钟，在他看来可能是一小时，甚至更长。

这就是所谓的"时间延缓"现象。早在 1905 年，爱因斯坦就在狭义相对论中解释过与运动物体相关的这个概念。其实，北爱尔兰物理学家约瑟夫·拉莫尔爵士（Sir Joseph Larmor）在 1897 年就曾预言围绕着原子核运动的电子会出现这种现象，但爱因斯坦把它同时间本身的性质联系在了一起，而非仅从电子属性角度出发。爱因斯坦推导出了两个相向运动物体的时间流逝差异与速度差异之间的关系：速度差异越大，时间流逝差异也越大，等到有一方速度达到光速时，它感受到的时间就会彻底静止。

我们目前能在太空旅行中达到的速度还不足以产生宇航员能够察觉的时间延缓。举例来说，在国际空间站中生活的宇航员在距地面 408 千米的平均高度上以 27,500 千米 / 时（17,000 英里 / 时）的速度环绕地球运动。他们要是这样在太空中待上一整年，感受到的时间就会比在地球上短大约 0.01 秒。换句话说，宇航员在国际空间站里待上一整年再返回地球后，会比他们一直待在地表年轻大约 0.01 秒。

这是"动力学时间延缓"，即一种由速度上升导致的效应。不过，还有另一种时间延缓："引力时间延缓"。高速运动会造成时间延缓，极强的引力效应也同样可以。你受到的引力效应越强，时间就流逝得越慢。引力时间延缓效应不仅是在黑洞周围才显著。举个例子，地球核心部分受到的引力比地壳部分强，所以地核要比地壳稍年轻一些。同时，这也意味着国际空间站里的宇航员们因为受到的引力要比身在地表的我们弱一些，所以感受到的时间流逝也更快一些，从而抵消了让他们变得年轻的动力学时间延缓效应。

在过去的 20 世纪，我们运用各种方法多次检验并证实了时间延缓效应，其中最有名当数美国物理学家约瑟夫·哈弗勒（Joseph Hafele）和天文学家理查德·基廷（Richard Keating）设计的实验。1970 年，哈弗勒在圣路易斯大学担任助理教授，他当时正给学生上一堂关于相对论和时间延缓的课。结束时，他快速计算了坐一次民航飞机——按照通常的情况计算，也即在距地面 10 千米（33,000 英尺）的高度以 300 米 / 秒（670 英里 / 时）的速度飞行——会经历何种程度的时间延缓。哈弗勒意识到，在这个过程中，动力学时间延缓造成的时间变慢以及低引力导致的时间加速，两者的总体效应是造成时间出现大约 100 纳秒（0.0000001 秒；还记得吗？人的反应时间大约是 0.25 秒，所以 100 纳秒放在 1 秒中真的是极其微小）的差异。

要想测量出如此微小的时间差异，就必须使用极为精准的钟表，即精度得达到纳秒等级。1955 年，位于伦敦西南部的英国国家物理学实验室率先造出了这样的钟。它利用铯原子作为内置计时器。恒星星光可以让原子内的电子跃迁到激发态轨道，激光也同样可以做到这点。电子只要吸收一点额外能量，就会跃迁到能量更高的能级，接着又跃迁回去，同时释放特定波长（颜色）的光。因此，不同元素的原子在受到激光照射时会释放不同颜色的光，就像是指纹一样。我们正是借助这点知晓孕育恒星的星云内部含有哪些元素。

这个过程还可以进一步优化。如果你使用的激光与电子跃迁回原轨道时释放的光波长相同，那就恰到好处，电子获得的能量正好会让它在基态和激发态之间来回振荡。此时，我们称原子和激光进入了共振状态。因此，如果你能找到这种波长恰到好处的激光，就能知道电子跃迁的具体频率，当然这也要感谢我们在学校里学到的波速方程。就光的情况来说，它的速度是常数，于是，频率就和波长存在内在联系，公式为：光速 = 频率 × 波长。

而我们也确实找到了对铯原子来说波长恰到好处的激光，并且知道电子在与激光形成频率为 9,192,631,770 次每秒的共振时会在前两个轨道之间来回跃迁。铯原子与激光的共振频率相当精确，足以充当我们需要的时钟（定义一秒为铯原子电子振荡 9,192,631,770 次的时间），并且代替了之前使用的以地球自转为基础的计时方式（定义一秒为一天的 1/86,400），这是因为前者更加精确，而且适用于宇宙中的任何地点。如今的铯原子时钟甚至已经精确到了经过 1 亿年，误差也不会超过 1 秒（作为对比，普通的机械腕表平均一天就能产生 5 秒左右的误差）。

说回 1970 年，当时的原子钟还不如今天这样精确，但也足以把时间测量精度推向纳秒级了。哈弗勒意识到，检验相对论预言的时间延缓所需的三个条件已经满足了两个：飞机和原子钟。他无法满足的第三个条件就是：钱。于是，在之后一年里，哈弗勒就像一个学术乞丐，请求各大机构资助这个实验，直到最后遇到当时正在美国海军天文台原子钟部门工作的天文学家理查德·基廷。当时，原子钟也被用于航海导航，毕竟，它比观测木星卫星艾奥的掩食高效多了。基廷帮助哈弗勒从美国海军研究室获取了 8000 美元的资助，其中 7000 美元用于租借商业飞机和机组成员。每架飞机上都会为哈弗勒、基廷各预留一个座位，同时为一名叫作"钟先生"的乘客预留两个座位。

哈弗勒和基廷先是带着原子钟向东绕地球飞行，两个星期后再带着原子钟向西绕地球飞行，每次飞行结束后，将原子钟上记录的时间同保存在美国海军天文台的原子钟的时间作对比。在这个实验中，飞机不断运动，而地球中心是静止的参考点，因为它不会随着地球自转而改变位置。于是，向东飞行（顺着地球自转方向）的飞机相对速度要大于向西飞行（逆着地球自转方向）的飞机。因此，两次飞行途中携带的原子钟出现的时间延缓效应应该有差异——向东飞行的飞机携带的原子钟应该走得更慢一些。再把这种动力学时间延缓同更为显著的引力时间延缓效应（假设向东、向西飞行的飞机都始终保持在相同高度，实际情况当然不会这么理想）结合，哈弗勒预测向东飞行的飞机携带的原子钟总体会比海军天文台的原子钟慢 40 纳秒，而向西飞行的飞机携带的原子钟则会快 275 纳秒。

1972 年，哈弗勒和基廷发表了实验结果：向东飞行的飞机携带的原子钟比海军天文台的原子钟慢了 59 纳秒（有 ±10 纳秒的测量误差，也就是说，真正的结果应该在 49—69 纳秒之间）；向西飞行的飞机携带的原子钟比海军天文台的原子钟快了273纳秒（测量误差 ±7 纳秒）。也就是说，理论预测与实验结果相当吻合。另外，后来又有无数科学家重复了这个实验，得到的结果也一样。这再次证明，我们以爱因斯坦狭义相对论和广义相对论为基础作出的预测可以有多么准确。另外，这个结果也有实际应用价值，因为在地球轨道上运行的全球定位系统（GPS）卫星也会承受同样的运动学和引力时间延缓效应（后者的影响占主导地位）。卫星上的时钟每天要比地球上的时钟快 38,640 纳秒。如果我们不及时纠正这点，那么GPS 卫星就完全没法在两分钟内给出精确定位。结果就是，卫星给出的位置会以每天 10 千米（大约 6 英里）的误差不断积累下去。

因此，即便是在地球上，在我们的头顶上方，引力产生的相对论效应都无法忽视。于是，你就可以想象质量比地球大万亿倍的黑洞附近的引力时间延缓效应有多么显著了。身在抗意大利面化宇宙飞船中的你每隔一分钟就向远处观察你坠入黑洞过程的朋友发送光信号，你本人倒是的确不会感受到时间流逝速度的变化：对你来说，一分钟的确还像原来的一分钟，不会感到时间变慢了。然而，对你的朋友来说，这些光信号需要更长时间才能抵达他的眼球，因为在你朋友看来，你在不断接近黑洞事件视界的过程中速度会逐渐变慢。随着你离事件视界越来越近，原本一分钟的时间间隔扩大成了一小时，一小时又扩大成了一天，一天又扩大成了一年，一年又扩大成了一个世纪。实际上，你朋友只能看到你逐渐接近事件视界，但永远不会看到你跨越它。到最后，在他看来，你的时间好像凝固了一样，但事实上，你没花什么力气就穿越了黑洞事件视界，感觉距旅程开始也就过去了几个小时或几天。你跨越事件视界这条"不归边界"时发出的光信号永远也不会被你朋友收到。

这种时间凝固的现象其实是引力时间延缓效应导致的光学错觉，就像黑洞扭曲了空间导致你看到的黑洞比真实情况大一样。从这个角度上说，黑洞真的是个终极大骗子，导致我们不能相信眼前的一切。另一方面，广义相对论方程组倒是给我们打开了一扇通往真相的门，无论我们要研究的黑洞质量有多大。

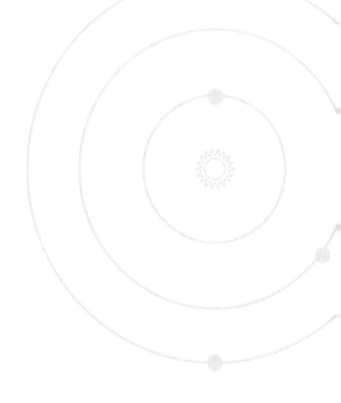

第十四章

朱迪，你做到了，她终于饱了[*]

第十四章

朱迪，你做到了，她终于饱了[*]

我们银河系中心的黑洞质量是太阳的 400 万倍，这听上去已经很是庞大了，但同宇宙中最大的那些黑洞相比，只能说是小巫见大巫。截至目前（我写作本书的时候），我们拍到的唯一一幅黑洞照片就是 M87 星系中心的超大质量黑洞（即第十章中的那张）。[①] 我们的银河系位于一个超星系团中，而 M87 星系就在这个超星系团的中心。如果你以地球为起点，不断把镜头拉远，直到显示整个超星系团，此时出现在画面中心的正是 M87 星系中心的超大质量黑洞。套用那句古老的格言"条条大路通罗马"，可以说是"条条大路通黑洞"了。

M87 星系中心的这个黑洞质量是太阳的 65 亿倍。相较之下，银河系中心的黑洞就只能算是轻量级了。然而，这还不是最大的黑洞。就目前的情况来说，黑洞质量之王的桂冠应该属于 TON618，它的质量是太阳的 660 亿倍。这实在是有些夸张了，天文学家还为它发明了一个新术语——**极大质量**黑洞。不过，就像我们之前介绍

---

① 2022 年 5 月 12 日，天文学家又发布了银河系中心超大质量黑洞人马座 A* 的照片。所以，截至译者翻译本文时，人类已经拍摄到了两张黑洞照片。——译者注

过的那样，黑洞并非不断吞噬物体的吸尘器，实际上，它们根本不吸取物质。由于辐射压的存在，黑洞质量的生长速度存在上限（爱丁顿极限）。

我们知道，大部分黑洞都不会以爱丁顿极限这样的最大速率吸积物质，因为辐射压会把吸入的物质往回推。观察活跃超大质量黑洞的生长速率分布就会发现，一般来说，黑洞的实际生长速率只有理论最高值的10%左右。那么，黑洞是否可以按这个速度无限制生长下去？或者说，黑洞的质量上限是多少？从技术角度上说，黑洞可以把整个宇宙吞入，这个质量的具体数值很难估算，大约是10^{60}千克这个量级。10^{60}就是1后面跟着60个0，用数学术语来说就是，10的60次幂。

我觉得自己有义务指出，10^{60}千克这个理论质量上限，黑洞大概率无法达到。宇宙本身一直在膨胀，所以各个星系（也就是宇宙中的所有物质）都在不断彼此远离。这就减少了黑洞最终可以吸积到的物质总量。一旦黑洞"消化"完了所在星系提供给它的全部"养料"，黑洞的生长也就到此为止了。另外，同样是因为膨胀，随着宇宙年龄的增加，星系合并的概率也逐渐下降，由此产生的超大质量黑洞的数量自然也会减少。要知道，两黑洞合并相当于原来的黑洞质量翻倍，这种质量增加机制可以说是相当高效。只不过，随着时间的推移，这类现象发生的频率会越来越小。

超大质量黑洞的生长很大程度上依赖于吸积过程——吸积盘中

的气体分子不断碰撞，缓慢丢失能量，因而越来越靠近黑洞，最终让后者获取额外物质。只要你有办法破坏这个过程，黑洞就会立刻结束生长——除非它走运和另一个黑洞合并，否则它的质量就不会再增加了。所以，是否存在可以破坏吸积过程的物理机制呢？另外，如果这样的机制存在，那么黑洞的质量上限又会是多少？

率先尝试估算这个质量上限的是印度天体物理学家普利亚·纳塔拉詹（Priya Natarajan，现在是耶鲁大学的教授）和阿根廷天体物理学家埃塞基耶·特雷斯特（Ezequiel Treister，现在是智利大学的教授）。两人在 2008 年提出，因为超大质量黑洞与其所在星系存在协同演化关系，所以它们的质量一定存在上限。超大质量黑洞在通过吸积持续增加质量的同时也在不断反馈星系，最终，它会自行把吸积盘吹走。根据纳塔拉詹和特雷斯特的估算，如果这个机制真实存在，那么黑洞的质量上限就是太阳的 100 亿倍。

2015 年，英国天体物理学家安德鲁·金（Andrew King）也加入了讨论。他是 20 世纪 70 年代在剑桥大学念的博士。那时正是黑洞研究的鼎盛时期，与他一道做研究的还有斯蒂芬·霍金。安德鲁·金现在是莱彻斯特大学的教授，2014 年凭借黑洞和广义相对论方面的研究荣获了业内无人不梦寐以求的英国皇家天文学会爱丁顿奖章。金指出，他借助黑洞周围的怪异引力现象，估算出黑洞通过吸积能达到的质量上限大概是太阳质量的 500 亿倍（不过，如果黑洞的自转方向与所在星系相同，那么它的质量上限可以跃升到 2700

亿倍太阳质量）。

这些估算都与你可以在黑洞周围画出的各种"球体"有关。我们在前文中遇到的事件视界就是其中一种。之所以把事件视界定义为黑洞的大小，是因为我们无法接收到任何事件视界之外的光。不过，在非正式的天体物理学语境下，奇点周围还有一些距离（放在三维空间中就是球体）同样值得关注，例如能量球体，或者用专业术语来说，"能层"（ergosphere）。黑洞的能层，就是你可以从黑洞汲取能量的区域——熟悉希腊语的读者可能看过能层这个单词就会明白，因为在希腊语中"*ergon*"就是"功"的意思——例如，我们可以利用引力弹弓让航天器在黑洞能层区域内偷取一点后者的能量（实际上，我们发射的很多航天器都会利用太阳系内的引力弹弓效应）。

再比如，光子层。黑洞光子层区域内的引力效应极其强大，以光速运动的光子（光粒子）运动路径都被严重扭曲成了完美的圆。理论上说，如果你待在黑洞的光子层上，就能看到自己的后脑勺（前提当然是你得想想办法保证自己不被意大利面化①）。对于同一个黑洞，光子层的范围只比事件视界略大一些，大约大 1.5 倍。

不过，对于吸积过程来说，最关键的球体叫作"最内层稳定圆形轨道"（Innermost Stable Circular Orbit, ISCO）②。按照我们在中

---

① 有关黑洞的任何讨论都可以涉及意大利面化。

② 这个名字听上去有点像是打击乐。林－曼努尔（在本书的脚注中，我多次提到了他，我想我们现在完全可以直呼其名，无需解释了），我现在正耐心等着你创作一部黑洞嘻哈音乐剧，里面出现各种有关 ISCO 的嘻哈音符。

学里学过的牛顿力学知识，所有完美圆形轨道，无论大小如何，都很稳定。这意味着，如果圆形轨道上的物体受到轻微扰动——我们就想象一颗较大的小行星撞击另一颗原本在完美圆形轨道上的小行星——那么它的轨道会发生相应改变，变得微微有些扁，从而变成椭圆形（还记得吗？圆就是一种特殊的椭圆。当椭圆的长轴和短轴相等时，就变成了圆）。这就意味着，假如有某个天体以完美圆形轨道围绕太阳运动但不知怎么受到了某种推力，那么它也可以通过调节轨道（变成椭圆形）继续围绕太阳运动。

然而，在爱因斯坦的广义相对论中，情况就不是这样了。在你不断接近某个天体（尤其是像黑洞这样的致密天体）的过程中，存在某个区域，一旦你进入后，即便是触碰原本在圆形轨道上运动的物体，它也无法纠正外来扰动带来的变化，只能螺旋式坠入黑洞。这片区域就是ISCO，范围比事件视界大三倍（不过，如果黑洞在自转的话，它的ISCO会略小一些）。通常情况下，ISCO就是黑洞周围吸积盘的大致边界。同事件视界一样，ISCO也与黑洞的质量相关。随着黑洞质量的增加，ISCO也会不断向外扩张。

黑洞周围还有一个球体也值得一提，那就是：自引力半径。这个球体也只会在距黑洞过近时发挥威力，当然也与黑洞质量有关，但从本质上说，它的内涵是：在黑洞自引力半径之外，天体维系自身的引力效应（自引力）要大于黑洞引力产生的拉拽效应。自引力半径的概念相当重要，因为它解释了为什么还会有恒星围绕超大质量黑洞运动——在黑洞自引力半径之外，星系中的气体更多地还是受自身引力影响，而非星系中心的超大质量黑洞，因此，这些气体的密度仍旧可以不断提升，最后自我坍缩、孕育恒星。如果不是这样，那我们现在都根本不会存在，构成我们的原子都应该只是银河系中心超大质量黑洞周围吸积盘的一部分。

2015 年，安德鲁·金指出，超大质量黑洞在越变越大（通过吸积以及同所在星系的协同演化）的过程中，ISCO 的范围会逐渐赶上并超越它的自引力半径。当 ISCO 终于大于自引力半径时，无论吸积盘中的气体粒子发生多少次碰撞，它们丢失的能量都不足以让轨道衰减到 ISCO 的范围内，因而也永远不会螺旋式坠入黑洞，成为后者质量的一部分。相反，在这种情况下，来自吸积盘中所有气体粒子的引力效应始终强于黑洞的引力拉拽。

实际上，真到了这个时候，吸积盘甚至都不存在了。相反，此时只剩下一大团气体，它会相对完整地围绕黑洞不断运动，就像是围绕银河系黑洞运动的 G2 气体云那样。在这种情况下，除非这团物质的运动轨迹正好对着黑洞正中心（概率极小，因为宇宙空间很大，而黑洞的尺寸又相对较小，哪怕是极大质量黑洞也是如此），否则它就不会成为黑洞的一部分。另外，吸积盘消失之后，我们也就看不到极大质量黑洞了，因为那些在它周围像点缀圣诞树一般闪闪发光的物质不存在了。

这正是 TON618 有意思的地方：作为一个质量为太阳 660 亿倍

的极大质量黑洞，它超过了金估算的无自转黑洞质量上限（大约是太阳质量的 500 亿倍）。因为大部分黑洞都有自转（也就是拥有角动量，所以你没办法轻易摇动它），所以这也不算太令人意外，但这也同样意味着，TON618 应该距理论质量上限很近了。

其实，早在人们知晓 TON618 是何种天体之前许久，它的特殊性就已经引起注意了。1957 年，在墨西哥托南钦特拉天文台工作的墨西哥天文学家布劳略·伊利亚特（Braulio Iriarte）和恩里克·查维拉（Enrique Chavira）就在照相底片上发现了 TON618，并且注意到它的颜色发紫。1970 年，一支在博洛尼亚开展射电巡天观测的意大利天文学家团队最后认证它为类星体。1976 年，法国天文学家马利－海琳·乌利奇（Marie-Helene Ulrich）通过美国得克萨斯州的麦克唐纳天文台计算出了 TON618 与我们之间的距离（早在 108 亿年前，TON618 就发出了我们如今收到的光），并且推断出它是我们知道的最为明亮的类星体之一（类星体——或者说吸积盘——越亮，位于其核心的黑洞质量就越大）。

天文学家通过测算吸积盘中气体的运动速度得到了 TON618 的质量：太阳的 660 亿倍。好吧，我知道我已经重复提及这个数字很多次了，但没办法，因为这确实大得惊人。要知道，这比整个银河系所有恒星的质量总和（按现在的估算是太阳质量的 640 亿倍）还高。TON618 的事件视界大约是 1300 个日地距离（海王星与太阳距离的 40 倍）。这可真的算得上庞然大物了，质量大到足以把恐惧直接注入我们这些渺小人类的心灵。不过，除非你像扎泽尔（Zazel）①那样把自己塞到加农炮里，然后直接发射到 TON618 内部，否则其实也绝对没什么好害怕的，毕竟离了那么远。它给你的感觉就像是宇宙终于在水槽塞孔里塞上了塞子。

想想黑洞通过吸积可以达到的质量上限，再想想 TON618 已经接近这个上限的客观事实，背后的内涵很是有意思。这意味着，我们可能即将迎来宇宙新纪元：黑洞达到理论上的质量上限，并且不再继续生长（不再发光），全宇宙的类星体都会逐渐熄灭。如果这个过程早几百万年启动，那么我们人类或许就永远不可能知道超大质量黑洞的存在。甚至，有些黑洞已经达到了最大质量状态，只是我们不知道它们的存在。没有了吸积盘发出的光，我们根本不可能测算出遥远星系中心黑洞的质量。或许，极大质量黑洞已经藏在我们身边。

如果我们真的生活在这样一个部分黑洞不再继续生长的宇宙纪元，我会既惊讶又有些失望。这就像是这些庞大、神秘、令人恐惧但又无比有趣的黑洞已经过了它们的巅峰期，开始走上下坡路了。想到这里，我不知是该笑还是该哭。不过，黑洞或许总能笑到最后。

---

① 她的原名是罗萨·玛蒂尔达·理科特（Rossa Matilda Richter），扎泽尔是她的艺名。1877 年，17 岁的她在伦敦皇家水族馆尝试人体炮弹发射，成了有史以来的第一人。她跟随巴纳姆和贝利的巡回马戏团（也称"全球最棒的马戏表演"）在欧洲和美国巡回演出。看过休·杰克曼（Hugh Jackman）2017 年的电影《马戏之王》（*The Greatest Showman*）的读者应该对她的故事比较熟悉。

第十五章

一切逝去的东西，终究会回来*

永恒是一段非常漫长的时间。人类大脑其实无法真正理解无限的概念，尤其是无限时间的概念，哪怕无数小说都涉及"不朽"这个主题。每当我们思考黑洞是怎么形成的，又是怎么生长的，就必然会想到，它们是否也会死亡。黑洞是不是永恒的、不朽的？是不是会在宇宙演化过程中永远存续？事件视界内的物质是否永远都会被囚禁在这个牢笼之中？又或者，黑洞终究也难逃一死？

1974年，英国物理学家斯蒂芬·霍金就思考了这个问题。霍金的一生真的很不寻常。1963年，年仅21岁的他就在剑桥大学开始读宇宙学博士，然而6个月后他被诊断为患有早发性运动神经元疾病。这种疾病会导致患者无法控制肌肉，因而无法说话、进食、行走。当时，医生告诉霍金，他或许只有两年可活了。霍金也很自然地觉得，既然这样，也没有什么理由继续学业了。不过，事实是，他的病情发展慢于起初的预期，并且大脑没有受到影响。霍金的博士生导师丹尼斯·夏马（Dennis Sciama）也鼓励他回到对于奇点的研究上来。于是便有了我们现在知道的霍金。霍金在他的博士毕业论文中提出，宇宙本身可能就起源于某个奇点。这个观点在天文学家和物理学家应用广义相对论的过程中，给整个宇宙学领域带去了革命性的变化。

20世纪60年代末中子星的发现，以及随后霍金对奇点的理论研究（在黑洞和宇宙起源问题上都有应用），使得黑洞的概念逐渐被学界接受，至少在理论物理学界是这样。不过，同时也留下了很多没有解决的问题。粗略一想，黑洞的存在就似乎违背了许多物理学定律，其中最基本的一个就是热力学第二定律：熵只会增加，不会减少。我们通常用熵来描述对象的无序程度，但其实它真正的内涵是：那些最有可能发生的事最后一定会发生。如果用硬币塞满一个盒子，并且在塞硬币的时候保证正面朝上，然后再用力摇晃这个盒子。此时，盒内的硬币几乎不可能全部都正面朝上或反面朝上。最有可能出现的结果是，大约一半的硬币正面朝上，一半的硬币反面朝上。往罐子里打一个鸡蛋，然后摇晃罐子，最有可能出现的结果是，蛋黄被搅散了。这个例子特别好，因为打鸡蛋是一个不可逆的过程：鸡蛋一旦打碎，就不可能复原，因为熵不可能减少。

物质被黑洞吸积后，就会永远整洁、妥善地封锁在事件视界之外。这个过程其实降低了一点宇宙的无序程度，也即降低了熵，所以，看上去似乎违背了热力学第二定律。1972年，出生于墨西哥的以色列裔美籍物理学家雅各布·贝肯斯坦（当时还是普林斯顿大学的博士生）解决了这个问题。① 他意识到，随着黑洞吸积的物质越来越多、质量变得越来越大，它的事件视界也会向外扩张。事件视界是奇点周围的一个球体，从技术角度上说，球体应该拥有"表面"，当然也有表面积。随着黑洞质量的增加，事件视界的表面积也会增加。贝肯斯坦认为，表征黑洞熵的正是这个表面积。事件视界表面积的增加，意味着黑洞熵的增加，抵消了物质坠入黑洞后削减的熵。因此，宇宙总体的熵仍然在增加，就像热力学第二定律描述的那样。

不过，霍金对此并不完全确信。熵本质上与物理过程中释放的热量有关，所以才有"热"力学这个称谓。熵的改变必然伴随热量从温度较高的物体转移到温度较低的物体，因为如果热量自发从温度较低的物体转移到温度较高的物体，熵就会减少——这是最不可能发生的事。这也是为什么放在常温环境中的热饮会变凉，冷饮会变热：热量从温度较高的物体转移到温度较低的物体，才是最有可能发生的事。霍金由此推论说，如果事件视界表面表征了黑洞的熵，那么它应该在不断释放辐射。

---

① 贝肯斯坦还提出了黑洞的"无毛定理"（"no hair theorem"）：无论黑洞内部由何种物质组成（也即无论黑洞在多年的吸积过程中吸收了何种物质），都只需用三个物理量（质量、电荷、角动量）描述它的全部属性，无需其他任何信息，因此，"黑洞没有毛"（毛在这里指代的就是无关质量、电荷、角动量的所有信息）。我个人认为，解读这个定律的另一种方式就是：黑洞不会靠任何炫酷的发型惊艳我们，因为它们秃顶了。

接着，霍金就开始着手证明这一点，而且他明白，在证明过程中必须把量子力学同广义相对论联系起来。量子力学是我们判断最小尺度上粒子行为的基础，并且也是热力学定律的基础。既然广义相对论无法帮助我们理解奇点和事件视界之外的东西，那么结合了量子力学的量子引力理论能否有更全面的解释？

1973 年，霍金造访莫斯科，同苏联天体物理学家雅科夫·泽尔多维奇（Yakov Zel'dovich）和阿列克谢·斯塔罗宾斯基（Alexei Starobinsky）开展合作研究。在此之前，泽尔多维奇和斯塔罗宾斯基就一直尝试将量子力学概念应用于极端扭曲空间的情形（比如黑洞周围的空间环境）中。他们知道，扭曲的空间会在微小的量子尺度上破坏空间本身的能量平衡。最令霍金难以置信的是，泽尔多维奇和斯塔罗宾斯基从数学角度证明了，自转黑洞应该可以创造并发射粒子，而这恰恰印证了贝肯斯坦关于黑洞熵的观点。

令霍金恼火且惊讶的是，他本人随后的计算也得到了相同的结果（并且还证明，即使没有自转的黑洞，也应该可以产生粒子）。接着，霍金的关注重点就转向了理论计算背后的物理过程究竟是什么。要想全面解释这点，我们需要量子引力理论。量子引力理论是量子力学和广义相对论联姻的产物，物理学家主要用它来解释扭曲空间中的量子能量涨落会发生何种变化。遗憾的是，在霍金那个时代，量子引力理论还没有诞生，实际上，即便是我写作本书时的2022 年，这一理论也仍处于研究阶段，还没有成熟。因此，彼时的霍金选择了一条捷径。他分别研究了扭曲空间和无扭曲空间中黑洞形成前后的量子能量。

量子力学世界颇有些奇怪。在这个世界中，空间本身就拥有能量，原因是那些微小的振动——或者用准确的物理学术语来说，振荡。这类振动有特定模式。把空间想象成小提琴的弦，不同的量子振动模式就是不同的音符。① 手指按在不同的弦上，弦发出的音符也会不同（也即弦振动时的能量不同）。不过，量子振动和小提琴琴弦发出的音符还是有不同之处，其中一个重要区别就是，量子振动既可以发出正波长，也可以发出负波长，它们可以相互抵消，形成完美的能量平衡（也就是我们所说的"真空状态"）。

霍金提出，如果在这些量子振动的路径上有黑洞形成，那么那些波长与事件视界尺度类似的量子振动模式就会受到扰动，甚至会在黑洞中消失。不过，其他波长的量子振动模式不会受到扰动，而是继续它们快乐的量子之路。而这就会破坏空间本身量子振动模式中的能量平衡，因为某些波长的量子振动模式因缺少对应模式而无法抵消了。在这种不平衡的能量状态下，空间就会释放真实辐射，以求再次达到平衡。而这种辐射其实就是波长与黑洞事件视界尺度类似的光。因此，超大质量黑洞的事件视界应该会释放波长较长的辐射，比如射电波；质量相对较小的黑洞则会释放波长较短的辐射，比如 X 射线或 γ 射线。这类辐射携带的能量极高，几乎可以称

---

① 我在这里可没有讨论什么弦理论，纯粹是用小提琴上的弦做个类比。

作爆炸。实际上，霍金给他那篇描述这一过程的论文起的名字就是《黑洞爆炸？》。只不过，最终，我们把这类辐射称为"霍金辐射"。

真正重要的地方是，等到霍金运用所有与量子力学相关的数学方法得到结论后，他意识到，黑洞释放的辐射在各种波长上的分布同炽热物体（比如恒星）释放的热辐射完全相同。这就是热力学与黑洞物理学之间的又一个联系。在日常生活涉及的物理学中，"黑洞辐射"就是任何可以使环境升温的物体发出的辐射，无论是恒星，还是烤炉，抑或是人体本身，都可以发出黑洞辐射。只不过，大质量恒星释放的辐射大部分都处于紫外和光学波段，而人体释放的辐射大部分位于波长更长的红外波段。原因并不意外：人体显然要比恒星冷得多。1900 年，量子力学先驱之一、德国物理学家马克斯·普朗克发现了一个现象：物体释放的热辐射在各个波长上的分布只与该物体的温度相关。这就是为什么温度较高的恒星看上去呈蓝色，而温度较低的恒星看上去呈红色。

霍金还意识到，黑洞感染量子能量振动时产生的辐射也可以用这种方式描述，只不过，此时决定辐射波长分布的不再是温度，而是黑洞事件视界的表面积（本质上也是黑洞的质量）。这与贝肯斯坦之前已经提出但尚未得到解释的理论完全吻合。不过，霍金辐射的最大影响在于，它把微小的量子振动转换成了真实释放的辐射，并且这个过程中涉及的部分能量是向黑洞本身借来的。还记得吗？爱因斯坦最著名的方程 $E=mc^2$ 告诉我们，质量和能量是等价的。因此，黑洞在产生霍金辐射的过程中失去能量，自然也会失去质量。也就是说，黑洞在缓慢地"蒸发"。

此处，我们要特别强调**"缓慢"**这两个字。霍金具体计算出了黑洞完全蒸发需要的时间，并且发现这又与黑洞本身的质量相关。按照现在的假设，一个质量相当于太阳的黑洞要想以释放霍金辐射的方式蒸发所有能量需要 10^{64} 年（1 后面跟上 64 个 0，或者说 1 亿亿亿亿亿亿亿亿年）。同时，你还得记住，宇宙本身的年龄也不过 138 亿年。于是，你就会意识到黑洞以释放霍金辐射的方式蒸发能量这个过程缓慢得有多么像树懒了。不过，霍金倒是也计算出了，那些形成于宇宙诞生之初的质量小于 1 万亿千克的原初黑洞（作为对比，我们地球的质量大约是 6 亿亿亿千克，因此，第 9 行星还是很安全的，别担心），应该有足够的时间完全蒸发了。

如果这类黑洞真的存在，那令人兴奋的事就来了：我们或许可以看到这类黑洞蒸发完毕之前发出的最后一束霍金辐射。在蒸发过程的最后 0.1 秒内，质量为 1 万亿千克的黑洞释放的能量相当于 100 万颗百万吨 TNT 当量的氢弹。这个数字听上去很大了，但从天文学尺度来说，还是微不足道。举个例子吧，超新星爆发时产生的能量比它大 10 万亿亿倍，而且，即便是在超新星爆发后，它也能以这个能量强度继续向外释放辐射长达几天。

因此，虽然从理论上说，我们始终有希望观测到活跃黑洞释放的霍金辐射，但实际上，我们目前还什么都没发现。所以，霍金辐射当前仍停留在假说阶段，还只是论文中的概念，并没有得到真实数据的支持。当然，这可能只是因为我们等待的时间还不够长。毕竟，黑洞蒸发的过程确实相当缓慢，即便是等上一辈子，都不敢保证一定能探测到相关证据。

银河系中心的超大质量黑洞当然是最有可能的证据来源，但是，由于它的质量是太阳的 400 万倍，释放的霍金辐射大部分会集中在长波波段，释放的速度也会慢得多：它需要 10^{87} 年才能完全蒸发，而且前提是它目前已经停止生长，也即未来不再会吸积更多物质。至于 TON618，要是通过吸积达到了黑洞质量上限，那么完全蒸发几乎需要 10^{100} 年（这可真的是天文数字了）。因此，银河系中心的超大质量黑洞以及 TON618 是否会完全蒸发，取决于宇宙的寿命：宇宙还能存在那么久吗？

尾　声

到了说再见的时候

在本书的最后，我们很自然地会想到宇宙会以何种方式终结。凝望宇宙，总的来说，几乎所有星系发出的光都有红移现象。由于宇宙不断膨胀，所有星系都在不断加速彼此远离。这个来自 20 世纪 20 年代的发现最终催生了整个科学界最著名的一大理论——大爆炸。如果你能回溯时间，回到宇宙诞生之初，那就会看到所有星系挤作一团，所有物质挤在一个无限小的空间中。听上去很熟悉吧？无论是什么物质，只要你持续不断地把它们塞到一个无限小的空间中，最后就会得到一个奇点。

　　关于大爆炸理论，人们总是有很多误解。其中最大的一个是，人们总以为大爆炸是诠释宇宙创始的理论，但实际并非如此。大爆炸理论描述的，其实是宇宙如何从一种极为炽热、致密的状态演变为如今我们见到的这个样子。它并没有解释宇宙真正"创始"的那一刻（即时间 = 0 时）发生了什么。我们目前掌握的物理学知识可以让我们回溯到宇宙诞生后的 10^{-36} 秒（一万亿亿亿亿分之一秒），但在这个时间点之前发生了什么，现有的物理学定律无能为力。那个时候，我们现在所知的四种基本力——引力、电磁力、强相互作用力（有了它，原子才不会分崩离析）和弱相互作用力（与放射性相关）——产生的效应与我们现在所知的完全不同，并且还合并成了一种力。只有拥有了大统一理论（GUT），我们才能解释那个时刻的宇宙发生了什么。然而，这种理论现在还不存在。就像霍金需要量子力学与广义相对论结合的理论产物才能充分认识黑洞熵的问题一样，大统一理论也尚未诞生。因此，我们现在还不甚了解宇宙诞生之初的那个奇点，但我们至少知道它与黑洞的那个会吞噬所有越过事件视界物质的起点不同，否则我们现在也不会在这儿了。出于某些原因，宇宙在诞生之后的某一时刻开始膨胀，某种我们称之为"暗能量"的东西（但不知道它究竟是什么）加速了这个膨胀过程。物理学的故事还远未讲完，还有许许多多问题等待着物理学家解决。他们需要站在本书提到的所有人物的肩膀上去破解一个个未知之谜。

同恒星一样，宇宙这 138 亿年的历史就是一部空间向外膨胀的推力和向内收缩的拉力（由宇宙物质的引力产生）之间的抗争史。到目前为止，获胜的还是向外膨胀的推力。然而，如果我们思考的是宇宙的终极命运，也即宇宙在几十亿、几百亿年之后的样子，那就全都取决于宇宙的能量是分配给向外膨胀的多，还是分配给生产物质的多了。如果最后这两者获取的能量差不多，那么终有一天，宇宙的膨胀会变得很慢很慢，膨胀速度降到无穷小。我们有望借助密度参数这个量计算出最后的结果。所谓密度参数，就是宇宙中所有物质、辐射、暗能量的平均密度的总和除以宇宙收缩效应和膨胀效应完美抵消所需的临界密度。如果密度参数是1，那么宇宙向外膨胀的趋势会被宇宙所有物质产生的引力完美抵消。此时，我们知道宇宙最终达到了平衡。这是一个幸福圆满的中庸结果。

如果密度参数小于1，那就意味着宇宙中各种物质产生的引力无法对抗向外膨胀的推力，宇宙的结局就是"大撕裂"。宇宙的膨胀速度会指数式上升，直到最后不仅超越了引力，更是超越了负责在原子中束缚亚原子粒子的强相互作用力。于是，宇宙最后就变成了一个稀稀疏疏的无生命粒子的集合。

如果密度参数大于1，那就意味着物质产生的引力超过了膨胀产生的推力。那么，终有一天空间的膨胀速度会变慢，并且开始收缩，宇宙的结局就是"大压缩"。在这种情况下，宇宙的所有物质和能量最终都会聚到一起，某些区域的密度会高到足以形成极大质量黑洞，然后再同其他物质一样一起坠入那个宇宙奇点。这就意味着有可能出现宇宙生命周期的循环往复，也即宇宙通过大压缩回到诞生之初的状态，然后再经过大爆炸不断膨胀，接着再度收缩……这个想法确实有可取之处，甚至有部分天体物理学家已经在研究所谓宇宙的"大反弹"结局了，也即宇宙在大爆炸和大收缩之间无限循环。

要想知道等待宇宙的命运究竟是哪一种，我们可以试着测量一下密度参数。目前最准确的测量来自观测宇宙微波背景辐射（宇宙诞生之初释放的辐射的残留，向我们揭示了宇宙当时的情况）的 WMAP 卫星。① 结合 WMAP 测量得到的数据和通过测量邻近星系与我们之间的距离得到的宇宙膨胀率，密度参数的值大约是 1.02 ± 0.02。其中的 ± 0.02 当然就是测量误差，这意味着密度参数的可能范围是 1.00—1.04。

WMAP 的测量结果显示，宇宙非常接近完美平衡的状态。但密度参数同样有可能站在物质引力这一边，这意味着引力最后能战胜宇宙膨胀的推力。如果密度参数真的只是比 1 大那么一点点，那么宇宙的最后结局还是大压缩。宇宙中的所有物质都会回到那个奇点，于是：所有黑洞最后都归于一个黑洞。

因此，即便你现在惬意地坐着阅读本书，同时随地球一道在宇宙空间中高速穿行，且愉快地围绕着银河系中心的超大质量黑洞运动（还没有"落入"其中的风险），我也敢肯定，你和我一样忍不住好奇黑洞是否避无可避。我们还活着的时候就与黑洞有本质上的联系，待到我们死后，原本构成身体的原子也终有一天——可能是在极为遥远的未来——会成为宇宙终点那个黑洞的一部分。我们只能祈祷，到时候那里也有食堂。

---

① WMAP 卫星的全称是威尔金森微波各向同性探测器。取名威尔金森是为了纪念美国天体物理学家大卫·威尔金森（David Wilkinson），他在整个 20 世纪 70 年代引领了对于宇宙微波背景辐射的研究。同时，威尔金森本人也是 WMAP 项目的成员，还在 2001 年亲眼见证了 WMAP 发射升空。不过，他没有见到 WMAP 获取的最新科研成果。2002 年，威尔金森在同癌症抗争了 17 年后逝世。

致　谢

　　哇，这本书可不薄啊，感觉可以归类到"极大质量"那一类了。全书单词数超过 61,000 个。要知道，我的博士论文也不过写了 56,000 个单词。从本质上说，我算是又写了一篇论文。作为中学时期被评价为写作能力不佳的学生，我现在相当自豪。对我来说，研究宇宙问题很是困难，研究语言问题就更加艰难了。

　　当然，我背后有一支非常优秀的队伍支持我完成了本书的写作。首先，我要感谢我的第一位经纪人劳拉·麦克尼尔（Laura McNeil），她从我大脑中最不起眼的角落揪出了藏在那里的思想，并坚信我能将其付诸文字。劳拉，祝现在已经离开出版业的你事业一帆风顺。劳拉离开岗位后，接替她的是亚当·斯特兰奇（Adam Strange）。在我写作本书的过程中，斯特兰奇是我的头号支持者（虽然我们都知道，给你安上这个头衔，你女儿会跟你打起来的）。

　　感谢所有在潘·麦克米伦出版公司工作的员工，是你们把我口中的科学术语变成了一本真实存在的有形图书，非常感谢。感谢我的编辑马修·科尔（Matthew Cole），感谢你从一开始就对本书满怀信心，也感谢你指出了原本没有提到的有关黑洞的问题。感谢夏洛特·赖特（Charlotte Wright）和弗雷泽·克莱顿（Fraser Crichton），感谢你们无比细致地审读了本书初稿，纠正了我所有的语法漏误和句法结构错误。当然还要感谢乔西·特纳（Josie Turner）、杰米·福里斯特（Jamie Forrest）和潘·麦克米伦出版公司的整个团队，他们为本书的出版及在全球市场上的推广作出了巨大贡献。

我的妹妹梅根·斯梅瑟斯特（Megan Smethurst）也很棒，她负责了本书中你看到的所有图表。在我们这个大家族里，我从事科学事业，她则投身艺术领域，我会永远为她的才华而骄傲。写完本书，我肯定对字体有了更多的认识——谢谢你，亲爱的梅根。

另外，还要感谢所有科学家前辈，尤其要感谢其中的女性科学家，她们在原本完全由男性统治的科学世界开辟出了一条道路。正是因为她们的努力，如今我的天体物理学家身份才不会受到质疑。

我开始写作本书时是 2021 年下半年，彼时的世界刚从疫情的冲击中逐渐恢复。本书在 2021 年圣诞节前夕完稿，那时不断有新的病毒毒株出现威胁着来之不易的正常生活。至于我写作本书的地点，那就很多了，咖啡店、办公室，当然还有我的家。尤其值得一提的是，为了撰写本书我还特地在剑桥大学待了一周，我称之为"写作静修"度假周。正是那个时候，我才意识到，原来卡文迪许实验室与黑洞研究的历史有**那么多**渊源，因而也有了 103 页那个有些气急败坏的脚注。感谢所有咖啡店的老板和员工，他们为像我这样喜欢换个新工作环境以获取灵感的学术界人士提供了久违的嘈杂环境。

除了出版界、学术界的帮助，我的家人在我写作本书的过程中也提供了许多帮助。谢谢爸爸妈妈，再次谢谢妹妹梅根，谢谢你们一直信任我，谢谢你们在读完本书终稿时流露出的兴奋之情。我深深爱着你们，还知道你们一定会明白我为本书各章节起的名字背后所蕴含的流行文化元素和参考的歌词。"站在巨人的肩膀上"是绿洲乐队的一句歌词，对吧？！

说到歌词，白天完成日常研究工作后的无数个夜晚，我用音乐激励自己继续写作。本书中有三个地方提到了泰勒·斯威夫特，她的音乐和歌词很能引起我的共鸣。我会永远敬佩像她这样可以创作出如此优美作品的人。她的《民间故事》（*Folklore*）、《永恒故事》（*Evermore*）和《红》（*Red*）是我写作时的主要背景音乐。

最后，还要感谢我的伴侣山姆（Sam），仅凭一句谢谢可能不足以表达我对你的感激之情。"没有山姆，~~弗罗多~~，贝基是走不远的。"[1] 感谢你陪伴我度过了每个漫长的写作之夜，感谢你听我讲述研究期间了解到的各种"有趣的知识"，感谢你在我每天结束工作时赠予我的微笑。谢谢你。我爱你，**永远**。

---

[1] 托尔金《魔戒》中的男主人公名叫弗罗多，在他的好友山姆的陪伴下，历经磨难，终于护送魔戒登上厄运山，将其销毁。作者伴侣的名字也叫山姆，作者在此化用这一典故。——编者注

参考文献

Emilio, M., et al., *ApJ*, vol.750, p.135 (2012)

Giacintucci, Simona, et al., *ApJ*, iss. 891, p. 1 (2020)

Huygens, Christiaan, *Treatise on Light*, translated by Silvanus P. Thompson, www.gutenberg.org/ebooks/14725 (1678)

Kafka, P., *MitAG*, vol. 27, p. 134 (1969)

Manhès, Gérard, et al., *Earth and Planetary Science Letters*, vol. 47, iss. 3, p. 370 (1980)

Montesinos Armijo, M.A. and de Freitas Pacheco, J.A., *A&A*, vol. 526, A146, doi:10.1051/0004-6361/201015026 (2011)

Rindler, W., *MNRAS*, vol.116, iss. 6, p. 662 (1956)

Röntgen, W.C., 'Ueber eine Neue Art von Stahlen', *Sitzungsberichte Der Physik..-Med Gesellschaft Zu Würzburg* (1896)

Scholtz, Jakub and Unwin, James, *Physical Review Letters*, vol. 125, iss. 5, 051103 (2020)

Schwarzschild, 'Letter to Einstein', *Schwarzschild Gesammelte Werke (Collected Works)*, ed. H. H. Voigt, Springer, 1992, vol. 1–3 (1915)

Webster, L., Murdin, P., *Nature*, vol. 235, iss. 5332, pp.37–38, doi:10.1038/235037a0 (1972)

Wheeler, J. A., *AmSci*, vol. 56, 1 (1968)